好きすぎて全部試したからわかった

自分史上最高の顔になれる神コスメ

Best cosmetics can be the my best face

あや猫

JN203145

飛鳥新社

はじめに

はじめまして、「あや猫」こと高城彩香と申します。

私は普段、「あや猫」名義で、おすすめのコスメをインスタグラムやブログで紹介しています。


メイクデビューしたての中学生のころから、アラサーになる今現在に至るまで、私のメイクにかける情熱は、我ながら半端ないものでした。

美容雑誌はすみずみまで読みあさり、ヘアメイクさんや美容家さんのコラムやブログをくまなくチェックし、定番のコスメはもちろんのこと、新商品や新色を試しに試してきました。そのコスメ愛といったら、気づけば年間100万円以上も使っていたほどです。

そうやって、自腹を切って試してきたコスメについて、「いいこと」も「わるいこと」も正直に包み隠さず、インスタグラムで紹介してきました。

ヘアメイクのプロではない、普通の女の子の目線で素直に思いのままを書いてきたからでしょうか。私のブログやインスタグラムを読んでくださった女性たちから、「どのコスメを買えばいいか、選ぶときの参考になる」「雑誌を見ているだけではわからない細かい違いがわかる」と言ってもらえるようになり、あっという間にフォロワーは8万人を超えました。

紹介した「ファンデーションを買った」という報告をたくさんの方からいただいたり、紹介した「コスメが欠品していて買えない！」という報告をもらったこともありました。

年間100万円以上のコスメを使ってきて、「これはイイ」と感じるアイテムには共通点があることがわかってきました。

たとえば、アイシャドウならツヤ感のあるアイテムが透明感を出してくれますし、コンシーラーなら薄づきでカバー力のあるアイテムが最強です。

それに、今は本当によいコスメがたくさん出ていて、テクニックがなくても、カンタンに使えて、見栄えもキレイに仕上がる神アイテムが増えてきています。

たとえば、マスカラ。マスカラ液もブラシもどんどん進化していて、どんなに不器用な人でも、キレイにセパレートした長いまつ毛が手に入ります。塗りにくい下まつ毛専用のマスカラもあり、テクニックいらずのアイテムがたくさん出ています。

つまり、どんなコスメを選べばいいか、それさえ押さえておけば、誰でも可愛くなれるんです！

この本は、普段「私はあまりメイクが得意じゃないから」と思っている人に、「いいコスメに出会えれば、誰でもメイク上手になれる」ことを伝えたくて作りました。

メイク初心者さんやメイクに苦手意識を持っている人にこそおすすめした

い神コスメと、その使い方のコツをまとめています。商品紹介だけではなく、それをどうやって使えばいいかの動画ものせていますので、ぜひ参考にしてください。

もちろん、もともとコスメ好きで、私のブログやインスタグラムを見てくださっている方たちにも楽しんでもらいたいと思い、コスメ紹介だけではなく、私自身のコスメの選び方の基準、組み合わせ方のコツ、こだわりのポイント、新商品情報などを書き下ろしました。

紹介しているアイテムはどれも実際に自分で使ったものだけ。そのなかでも、胸を張っておすすめできるものばかりです。

あなたにとっての、神コスメが見つかりますように！　そして、みなさんのメイクライフが楽しく幸せなものになりますように‼

フォロワーのみなさんの声

「コスメ愛」と「コスメを作った人への尊敬」が感じられます。
「このコスメのここがいいよ！使うとこんなにハッピーになれるよ！」というポジティブさが好き。

あや猫さんの影響でメイクを頑張るようになってから、旦那さんや周りの人からキレイになったと言われました‼

レビューが丁寧。デパコスはいいお値段するので、購入検討する際、助かっています。

レビューがとにかく細かくて本当に参考になります！大好きなラメ系コスメのときは、ラメの１粒１粒が見えるくらいカメラを寄せてくれて、ラメ系コスメへの愛を感じます（笑）

今までゲームやアニメにしか興味がなく、１つしかアイシャドウを使わないような女でした。
はじめて、あや猫さんを見て、「なんだこの可愛い人は」と、新しいアニメにハマるようにあや猫さんに興味を持ち、私自身もコスメや美容が大好きになりました。結婚できたのもあや猫さんのおかげです！

これからもずっと私たちの美容の神様でいてください！

私は地方に住んでいるので、店舗がなくて購入前に試すことができません。
できるだけ失敗したくないので、あや猫さんのレビューはネットなどで購入する際にとても参考になります！

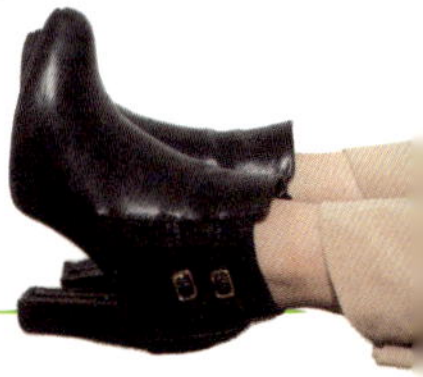

CONTENTS

Part 1 最愛コスメで目の形を詐欺る。

Part 2 新作&名作リップで可愛くなる。

Part 3 透きとおる白肌を育てる。

Part 4 メイクは肌で8割決まる。

Part 5 髪とボディでテンションをあげる。

Part 6 メイクの小技を教えます。

QRコードの使い方

動画をCheck！

本書ではコスメの紹介動画の
QRコードを掲載しています。
気になるアイテムがあったら、
ぜひ動画も併せて
チェックしてみてください。

iPhone（iOS11以降）の場合は、標準カメラをかざすだけで動画のページへ飛べます。
Androidの場合は、搭載されているQRコードリーダーを使ってもよいですし、LINEの友達追加用のQRコードリーダーでも、動画へ飛ぶことができます。

書籍内に載っている動画はすべてYoutubeにアップされているので、QRコードが使えない人は私のYoutubeチャンネルで探してね。
AYANEKO　CHANNEL：https://www.youtube.com/channel/UC9rSFWiWI9Jopjr4e44V_MQ

Part 1

最愛コスメで目の形を詐欺る。

目を制するものは、メイクを制する！
アイメイクは最も気合いの入る場所です。
フォロワーさんからの質問が１番多いのも
目元のメイクについてです。
まずは、このアイメイクからお話させてください。

シャドウ選びは発色よりも透明感

メイクで1番大事にしていることをあげてと言われたら、断然「透明感」です。

だから、アイシャドウに求めることも、やっぱり目元を彩ってくれる透明感。光にあたると儚い雰囲気になるのがいいですよね。


そう考えると、アイシャドウの質感はマットっぽいものよりツヤっぽいもの。

マット系のシャドウは発色がいいのが魅力ですが、透明感を重視しようと思うなら、ツヤ感のあるものを選ぶと間違いありません。

スック　デザイニングカラーアイズ 01 優芍薬（エキップ）

大事な場、オフィス、デートなど、どんなシーンでも使える万能アイシャドウ。迷ったら、コレ！　やわらかいブラウンとほんのりピンクが入ったナチュラルなパレット。繊細なツヤ感にうっとり……!!

ラメは入っていてもいいのですが、ラメの粒が大きいとギラッとしてしまうので、粒子が細かいものを選ぶのがおすすめ。

粒子が細かいラメであれば、ベースとして薄く広げて使うと、シーンを選ばないし、大人でも上品な感じにまとまります。

大粒のラメが入ったアイシャドウのときは、普段使いのアイシャドウの上からまぶたの中央にだけ、ちょこっと指でとって、まぶたに重ねてあげると立体感が出ます。

いろんな使い方を知ってるだけでメイクがワンパターンになりません。

エクセル　スキニーリッチシャドウ SR03 ロイヤルブラウン（常盤薬品工業）

ブラウン系。パール感が非常にキレイで、粉飛びもしないし、まぶたとの密着もしっかりしてくれる！

しっとりしたこのパウダーの秘密は、液体を流し込んで作られているかららしいです。この使用感はお値段以上。

アイシャドウパレット 神7

いろんなアイテムを使ったなかで、
とくにお気に入りの
アイシャドウパレットたちを
7つに厳選しました。

エクセル　スキニーリッチシャドウ SR06 センシュアルブラウン（常盤薬品工業）

エクセル　リアルクローズシャドウ CS04 プラムニット（常盤薬品工業）

ディオール　バックステージ アイパレット 002 クール（パルファン・クリスチャン・ディオール・ジャパン）

トムフォード ビューティアイカラークォード 12 セダクティブ ローズ（ELGC）

リンメル　ショコラスウィートアイズ 015 ストロベリーショコラ（HFC プレステージジャパン）

シャネル　レ ベージュ パレット ルガールライト（シャネル）

スック デザイニング カラー アイズ 09 涼月（エキップ）

ピンクブラウンは全TPOを網羅できるから最強

私のスタメンシャドウはピンクです。ピンクは永遠の女の子色。

ピンクを見るとときめいてしまうのは、多分、ずっと変わりません。

ただ、人によっては「ピンクだけだと腫れぼったくなってしまう」と感じる人もいると思います。

そういう人には、ピンクブラウン系のアイシャドウパレットがおすすめ。

ブラウンだけでまとめるよりも優しくて華やかな印象になるし、ピンクだけよりも引き締まるので腫れぼったく見

エムアイエムシー　ビオモイスチャアシャドー20　スプリングヘイズ（エムアイエムシー）

これをつけると目元の透明感がぐーんとアップします。そのうえ、なんだか儚げな目元を作ってくれるアイシャドウ。

しっとりとした粉で、発色もよく、右側の締め色も濃すぎず、使いやすくてお気に入りです。

えません。

年齢も問わず誰にでも似合うし、仕事、デート、お出かけと、どんなシーンでも、ピンクブラウンさえあればのり切れるから、ピンクブラウン最強です。

それでもやっぱりピンクに抵抗があるようだったら、同じピンクでもローズピンクを選んでみてください。

ラブリーになりすぎず、大人っぽさもあるので、甘いテイストが苦手な人にも似合います。

ピンクとピンクブラウンのシャドウが2つあれば、もはやシャドウは完結すると言ってもいいくらい。

もし、今のシャドウラインアップにピンク系がなければ、1度トライしてみてほしい！

リンメル　ショコラスウィートアイズ 015 ストロベリーショコラ（HFC プレステージジャパン）

名前の通り、ピンクブラウンのアポロのようなストロベリーショコラカラー。甘めな目元にしたいときに使います。

基本はパレットの上3つで仕上げてしまいますが、気分に合わせて右下のラメを足したり左下の濃いめの締め色を使います。

縦グラデで目の形を詐欺る

アイメイクというと、上下でグラデーションをつける人がほとんどですが、縦グラデーションをマスターすると、一気にこなれ感が出てきて、「メイクがうまい人」っぽくなれます。

私の場合、この縦グラデーションテクを使って、タレ目風に見せるようにしています。

具体的には、目頭側を薄く、目尻側を濃く。

4色パレットなら、1番薄い色をアイホール全体と、目頭、涙袋にのせます。2番めの色を二重の幅にのせ、3番めの色を目尻に入れます。そして、1番濃い締めの色を目

エクセル　スキニーリッチシャドウ SR06 センシュアルブラウン（常盤薬品工業）

前の項目でも紹介しているスキニーリッチシャドウですが、この色もお気に入り。

こちらはバーガンディカラーですが、発色はブラウンよりで、バーガンディ感はやや控えめです。

隣のページで紹介している動画でも使っているアイシャドウなので、グラデの作り方と一緒に、チェックしてみてください。

のキワと下まぶたの影になる部分に入れます。

私はこれを「目の形を詐欺る」と言っていますが、この縦グラデだったら、即タレ目に変身できます。アイシャドウパレットで何を買うか迷ったら、このように4色の濃淡があるパレットが1番使いやすいですよ。

縦グラデではなく、一般的な普通のグラデーションにする場合は、1番薄い色をアイホールに。2番めの色を二重よりやや広めの範囲に。そして3番めの色を二重の幅か、それより少し狭いくらいにのせて、最後の締めの色を、アイラインと同じくらいの細さで入れると、誰でもカンタンに立体感が出ます。

動画をCheck！

毎日コスメ
グラデーションの作り方

多色ラメを素通りできない

これは病気ではないかと思うくらい好きなのが、多色ラメです。多色ラメが入っているコスメは何でも買っちゃうんじゃないかというくらいです。

ただのラメじゃなくて、いろんな色に発色するようなラメが入っているのが、もうたまらないんですよね。

アイシャドウもそうなのですが、リップも多色ラメが入っていると素通りできません。

多色ラメのよさって、動いた角度によって、ラメの輝き方が変わるところなんですよね。

自己満と言われればそれまでなのですが、その輝きが変

キャンメイク™ ジュエリーシャドウベール03ベビーローズ★
(井田ラボラトリーズ)

右が大粒ラメ、左が小粒ラメの2つが楽しめるパレットです。ピンクベージュですが、ほとんど色はつきません!

すごくラメが可愛いんだけど、ラメがザクザクで粉っぽさがあるから、少しラメ飛びしやすいです。

なので、必ずアイシャドウベースを塗ってから使うのが、上手につけるコツです。

わるところに幸せを感じるわけなのです（笑）。

私に限らず、コスメに偏愛気味な人たちって、多色ラメに惹かれている人が多いような気がします。

ただ、どんな多色ラメが好きだといっても、目元も口元もラメラメしていると、それはさすがにやりすぎかなと思います。

たとえば目元のラメが強ければ、リップのラメは少し抑えるというような引き算をすることで、バランスよく見えるようにしています。

アディクション　ザ　アイシャドウ 99 ミスユーモア（コーセー）

大粒のピンクのラメと言えばこれ。見ためは青みのピンクですが、のせてみると色はそこまでつきません。でもキラッキラのラメで華やかに。

1つ持っておくと安心なアイシャドウ。

単色アイシャドウはちょい足しで使う

アイシャドウパレットのよさは、アイメイクに使う全ての色が1つのパレットに入っていて、何も考えなくてもアイメイクが完成することですが、次のステップでおすすめなのが「単色アイシャドウ」です。

いつものアイシャドウパレットでメイクをしたあとに、「いつもと雰囲気を変えたいな」って思ったときに、単色アイシャドウに登場してもらいましょう。

初心者さんが買うなら、おすすめはラメ。

理由は手持ちのアイシャドウパレットにプラスして使いやすいし、カンタンに印象を変えられるからです！　ぜひ、試してみてください。

アディクション　ザ アイシャドウ 69 フラッシュバック（コーセー）

アディクション　ザ アイシャドウ 80 クライベイビー（コーセー）

クリオ　プロシングルシャドウ　G10（クリオ 韓国）

コスメデコルテ　アイグロウジェム PK881（コーセー）

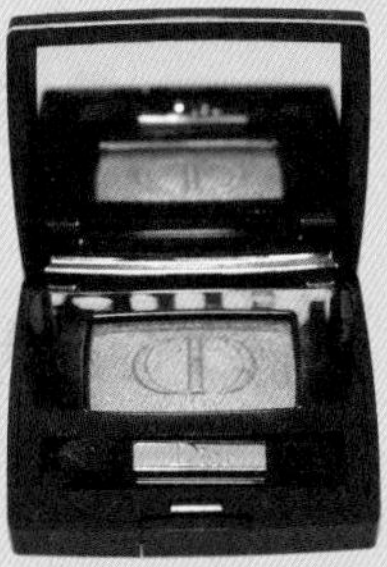
ディオール　ショウ モノ 045 フューチャリズム（パルファン・クリスチャン・ディオール・ジャポン）

オンリーミネラル　ミネラルピグメント ミストグレー（ヤーマン）

クラビュー　アーバン パールステーション スパークルアイシャドウ SP 2 シルバーライラック（クラビュー 韓国）

マジョリカマジョルカ　シャドーカスタマイズ BE384 コルク（資生堂）

3つめに持つなら寒色系

ピンク、ピンクブラウンのアイシャドウを制したら、次にあると便利なのが寒色系です。

ブルーやグレー系、カーキ系などが入ったシャドウを試してみてください。

冒険するメイクは苦手という人なら、おすすめしたいのはグレー系のアイシャドウ。この場合は、アイラインもネイビーなどに変えて、全体的にクールな印象に仕上げるのがバランスよく見えます。

目元を寒色系にしたときは、合わせるチークも変えるといいですよ。青み系のピンクを使うなどすると、相性がよくなります。

スック　デザイニング カラー アイズ 09 涼月（エキップ）

スックは質感やラメの粒感が、私的にどストライク。

涼月は左上のブルーをベースに使うと涼しげでクールな雰囲気にしてくれます。

左下のグレージュっぽいブラウンもツヤ感・透明感が最強!!

寒色系のアイシャドウを使うときは、アイラインやマスカラも寒色系で揃えるとまとまりがでます。

狙った場所に滞在してもらうシャドウベース

アイシャドウベースは、下地のような存在です。このベースがあるだけで、色持ちがよくなるし、ラメのシャドウも飛び散らなくなるし、発色もよくなるしといいことづくめ。使うのと使わないのとでは、全然差が出るので、高校生のときからつける習慣があったくらいです。

アイシャドウを狙った場所に長くとどめておくのに、ベースは必須。使っていない人がいたら、全力でおすすめ。シャドウベースは、指にちょんととって、アイホール全体に薄くのばして使います。

専用のアイシャドウベースもありますが、アイシャドウパレットにシャドウベースが入っているものもあります。

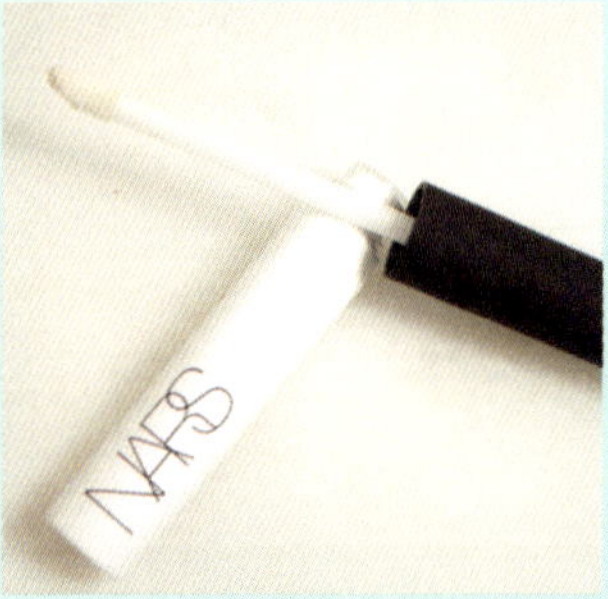

ナーズ　スマッジプルーフ アイシャドーベース（資生堂ジャパン）

密着力が高くて、あとからつけるアイシャドウがよれないのが優秀！　発色がわるめのシャドウも一気に発色してくれ、細かく狙った場所にアイシャドウを滞在させてくれます。

余計なパールやラメが入っていない透明タイプというところも使いやすい。

私はリピートして、いまは2本めです。

シャドウのバリエーションはカウンターで聞く

私の場合は試しに試して、似合う色がわかってきたのですが、似合う色がわからないなら、試し塗りしましょう！

パレットで見ていた色も、肌にのせてみたらイメージが違うこともあるし、屋内と外に出たときの見え方も違うので、自然光の下でもチェックすると失敗が減ります。

もしデパートで買うなら、ＢＡさんに塗り方を２パターン以上教えてもらうといいですよ。

たとえば４色パレットなら、どの組み合わせで、どの部分にのせたらどんな雰囲気になるのかといったことを聞いておくのです。そうすると、１つのパレットで複数のバリエーションが作れます。

エクセル　リアルクローズシャドウ CS03 ローズピンヒール（常盤薬品工業）

このアイシャドウはとても気に入っていて、発色もよくて、色もとっても可愛い。なので、アイテムで、シャドウのつけ方のバリエーションを紹介します。

プチプラのアイテムなので、ぜひ買って試してみてください！

どのアイシャドウパレットでもあるスタンダードなアイメイク。

薄い色から濃い色へと重ねて、グラデーションを作っていくようなやり方です。

パレットの①をアイホール全体に、指で塗る。左下の③のピンクを薄く二重幅にのせる。右下の④を目のキワに締め色としていれる。最後に②をまぶたの中央にのせて、完成。

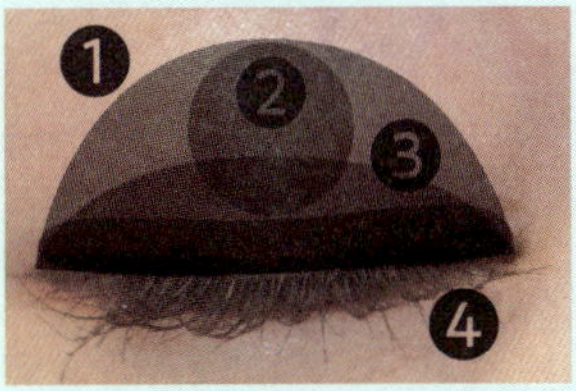

ラメを混ぜたカラーで、全体的にツヤ感・ラメ感がアップして、華やかな印象になります。

パレットの①を目尻側の眉下に指でのせる。筆やチップで②と③を混ぜて二重幅にのせ、最後に④の色を目尻側の目のキワに締め色として入れて完成。

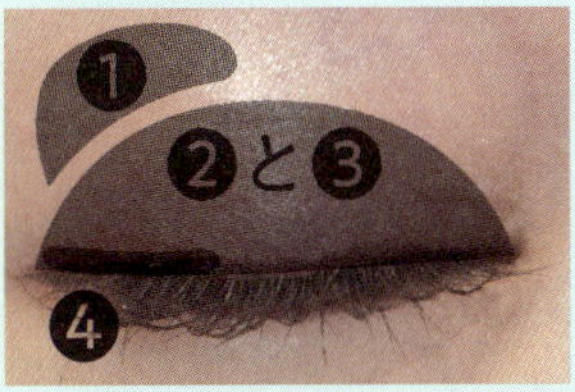

こちらは縦割りのグラデーションの作り方。奥行きがあって目元の立体感が出やすく、伏し目になったときに少し色っぽい印象になります。

パレットの①をアイホール全体に、指で塗る。③を二重幅全体に塗り、④の色を二重幅の目尻側だけに重ねる。最後に、②の色を涙袋（目頭から黒目まで）にのせれば完成。

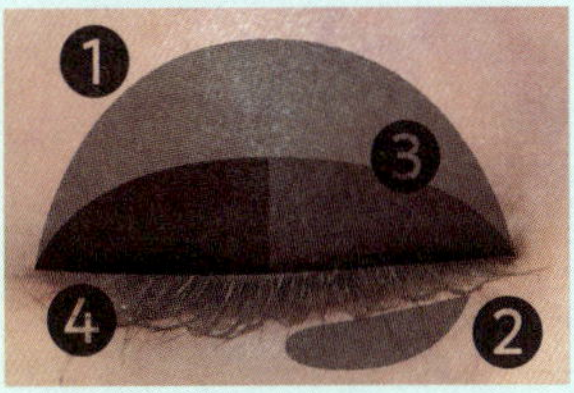

目元はリキッドとペンシルの2本づかい

アイシャドウが終わったらアイラインを引くのですが、アイライナーはペンシルとリキッド2本使うというのが、昔からずっと変わらないこだわり。先にペンシルで描き、あとからリキッドアイライナーを重ねます。

とくに初心者は、曲がったりよれたりしやすいから、リキッドだけでアイラインを引くのは危険。でも、先にペンシルでアイラインを入れておけば、そのペンシル分の太さがあるので、リキッドで多少失敗しても目立ちません。

まずは、ペンシルで目のキワ全体にラインを引きます。

スック　ジェル アイライナー ペンシル 04 ライトブラウン（エキップ）

片方がアイライナー、もう片方がぼかすためのチップになっています。とにかく細いアイライナーで、細かく目のキワに引けるところが好き。黒よりもやわらかくなるブラウンが、私のメイクでは絶対。

このアイライナーは描いてからすぐにもう片方のチップを使ってぼかすことができるので、より自然なラインになります。

きつくならないように、色はブラウン系がおすすめ。
削りたてよりもやや使ったあとの芯の太さくらいがちょうどいいです。もし、削りたてのペンシルだったら、手の甲で少しこすって、慣らしてから使うといいですよ。

ちょっとタレ目に仕上げたいので、ペンシルで描くときは、目尻くらいから自然にラインを下に下げていきます。

そのあと、リキッドを使って重ねていくのですが、リキッドで引くアイラインは目尻側だけに引くのがコツ。

全体にリキッドアイライナーを引くと目が強くなりすぎるので、黒目の終わりから目尻までにのせていきます。

リキッドアイライナーもやはりブラウン系のものを使います。ペンシルのブラウンよりはちょっと濃い色を選ぶと、目元がぐっと引き締まります。

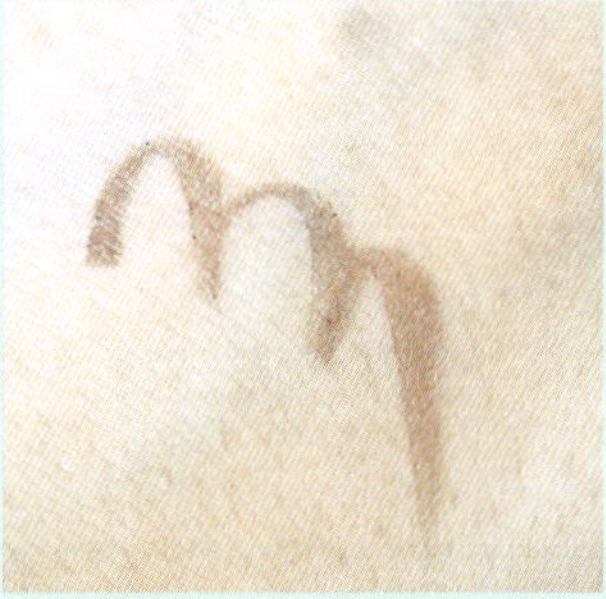

サナエクセル　スキニーリッチライナー RL03 グレージュ（常盤薬品工業）

ブラウンよりやわらかく、ブラックほど主張が強くないグレージュが目元に抜け感を出してくれるのでお気に入り。「こんな色欲しかった……待ってました！」と思ったアイライナー。

しかも、色だけじゃなくて、使用感もとってもよくて、1日中よれません。

プチプラなのも、おすすめの理由です。

セパレートまつ毛でこじはる風に

まつ毛はこじはるちゃんや、石原さとみちゃんみたいな、ぱっちりまつ毛を目指したい！

そのためのポイントは、まず「盛りすぎない」こと。そしてまつ毛とまつ毛の間がちゃんとセパレートになること。この2つが大事です。

ボリュームアップタイプではなく、ロングタイプを使った方が、ぱちっとセパレートした、こじはるまつ毛になりやすいです！

マスカラを横にこすりながら上に持ち上げていくとダマになるので注意。まつ毛の根元にマスカラのカーブ部分を

フローフシ　モテマスカラ　ナチュラル3（フローフシ）

ロング&ボリュームのどっちの効果もあるタイプ。これを使えば、しっかり長さもボリュームも出るし、ほんとまつエクいらなくなったな～と感じます。

ダマにならず毛が1本1本液がついてくれてキレイにセパレートしてくれました。マスカラつけたあとに、コームでとかすことが多いのですが、コーム必要なかった！

あてて、少し揺らしてからあとはすっと伸ばすようにすると、キレイなセパレートになります。

もし、まつ毛の量が少なくて短いなら、繊維のあるマスカラで長さをのばして、根元からビューラーをあててみてください。

根元はしっかり上げて、でも毛先はストレートになるのが、今っぽいまつ毛になる秘訣です。

マスカラも、アイライン同様、ブラウンを選びます。これは、ブラウンだと重ねづけしてもきつくならないから。優しい目元を作るなら、マスカラはダークブラウンか、ピンクブラウン！　ピンクブラウンは、アイシャドウをピンクにしたときに同色系でまとめると可愛いし、それ以外のときはダークブラウンが使いやすいと思います。

フローフシ　モテマスカラ　ナチュラル１（フローフシ）

もし、ブラックのマスカラを選ぶのなら、これ。ブラックのなかでは、このマスカラがとくに発色がキレイで、繊細に伸びる感じです。

ブラックでダマができると虫みたいになるので、どれだけ自然にセパレートさせて見せるかがポイントです。いっぱいつけないように、横にこすりすぎないのがコツ。

まつ毛が長い人でも短い人でも、私は自まつ推薦派です。というのも、まつエクを使ったり、つけまつ毛をしてしまうと、アイメイクの印象が変わりにくいので、メイクの幅が広がらない気がするからです。

まつエクよりおすすめなのはまつ毛カール（まつ毛パーマ）。自然と根元から持ち上がるので、ぱっちりした目の印象になります。毛量が多くて長い人が持ち上げすぎるとびっくり顔になっちゃうので、カールを上げすぎずに抜け感を出して。

もう1つのこだわりは、ウォータープルーフタイプのマスカラを「使わない」こと。まつ毛にあまり負担をかけたくないので、クレンジングがカンタンなお湯落ちタイプのものを選ぶようにしています。

ブランエトワール　マサルマスカラ DBR（ブランエトワール）

濱田マサルさんがプロデュースしているマスカラです。

長さがしっかり出て、ボリューム感もほどよくあります。

ダークブラウンの色もよくて、キレイなセパレートまつ毛が作れる1本。

お湯でカンタンにするっと落ちるところも気に入っています。

下まつ毛は全キャッチしてくれる専用マスカラに勝てない

下まつ毛は専用のマスカラを使うのが1番です。

普通のマスカラだと、どうしてもまぶたの下にぴっとついてしまったりして難しいんですよね。それだけではなく、普通のヘッドだと、やっぱり上のまつ毛の形状に合わせて作られているので、量的にもどばっとついてしまいやすいんです。そうすると、下まつ毛が全部くっついてしまって、残念なことになりやすい。

下まつ毛専用のマスカラは、初めて使ったときの感動が半端なかったです。下まつ毛って、ふわふわしているのに、それを全部キャッチしてくれるんです！　いろんな人におすすめしています。

フローフシ　モテマスカラ　ナチュラル１（フローフシ）

下まつ毛専用なので、普通のヘッドよりも細く小さめになっています。

目頭の細かい毛もしっかりキャッチしてくれてダマにならずしっかり伸びる。

これまでデパコスの下まつ毛専用マスカラを使ったりしたけど、これはデパコス超え！　下まつ毛が短い方でも、しっかり毛をキャッチしてくれるのでおすすめ。

U
U
U
U

眉は「いかにも描きました」を避けて存在を消す

眉は、アイシャドウやマスカラに比べると、あまり強いこだわりがありません。それはなぜかというと、眉は存在感がなければないほどいいと思っているから。

太眉ブームの時代もありましたが、私はあまり太眉推ししませんでした。眉を主張するよりは、アイメイクにポイントを持ってきて、目元を印象的に見せたいタイプです。というわけで、普段から、眉のブリーチをして、できるだけ存在感をなくすようにしています。

ブリーチをすると、単に明るくなって、アイブロウをし

エクセル パウダー＆ペンシル アイブロウEX（常盤薬品工業）

こちらはもう何本めだろうと思うくらいリピート買いしています。この1本でペンシル、パウダー、ぼかしのブラシがついているので万能です。

ポーチのなかもかさばらず持ち歩きにも便利な点や、ペンシルの先が楕円形になっているのですごく描きやすい！

眉を描くのが苦手なのでこれは手放せないアイテムです。

やすくなるだけではなくて、眉毛の扱い自体がすごく楽になります。多分、毛が軟らかくなるんだと思います。よっぽど黒髪の人でない限り、個人的には眉ブリーチ、おすすめです。

いま、黒髪じゃないならと書きましたが、私は髪の毛の色と眉毛の色を合わせるようにしています。だいたい、眉の色は、ヘアカラーの色よりちょっと暗めくらいにして、あまり浮かないようにします。

たとえば、ベージュっぽい色のヘアカラーだったのを、少し赤っぽいピンク系のヘアカラーにしたら、やっぱりアイブロウの色も赤っぽい色にします。

これをするだけで、顔に統一感が出るというか、眉が目立ちすぎないんですよ。

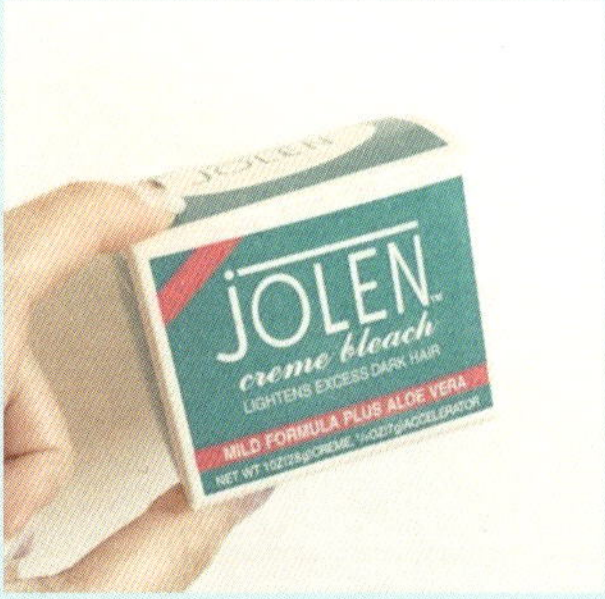

ジョレン　クリームブリーチ
(ジョレン・ジャパン)

眉毛ブリーチは、このアイテムを愛用しています。

2種類のパウダーが入っていて、このパウダーを使う量だけ、混ぜて使います。それを眉毛にのせて、15分くらい経ったらスパチュラでクリームをオフ。

明るい色になるし、毛が柔らかくなって、とても扱いやすい眉毛になりますよ。

眉を描くときは、まずは眉毛の輪郭を描いて、眉の真ん中部分、隙間のところにパウダーで色をつけていきます。

もし濃くなったなと思ったら、ブラシでしゃしゃっとなじませて、存在感を出しすぎないようにします。

なので、アイブロウペンシルは、ブラシがついているものが使いやすいと思います。

1本選ぶなら、ペンシルの芯の形自体が楕円形になっているものがおすすめ。斜めに使えば細くもできるし、そのまま使えば太くもできるので、1本でいろんな使い方ができて便利です。

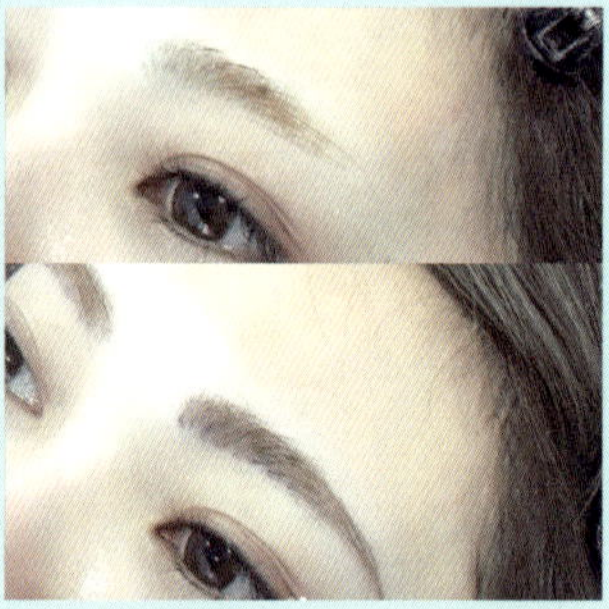

アートメイク
(上)ビフォー　／　(下)アフター

眉毛が少ないという悩みをもっていたので、アートメイクをして色を足しました。

昔のアートメイクって、海苔を貼りつけたように濃く不自然な仕上がりだったけど、最近のアートメークはとっても自然。

皮膚の真皮に色を入れていくタトゥーとは違って、真皮よりも浅い層の表皮に入れていくので、色の持ちはだいたい3～5年くらいだそうです！

ぷっくり涙袋で「うるんだ目」にする

可愛い系に詐欺りたいときの秘密兵器は、涙袋へのアプローチです。この涙袋をぷっくり見せると、目元がうるっと見えて可愛くなれるんです。

笑ったときに、ぷくっと盛り上がっている部分が涙袋です。ここにアイシャドウの薄い色をのせます。

1度めは涙袋全体に、2度めは目頭側から黒目の真ん中くらいまで重ね塗りして。目頭から1、2ミリ外したところからスタートするのがコツです。

白シャドウだと昔のギャルみたいになってしまうので、おすすめなのは、薄いピンク。夜デートなら、ラメ入りシャドウを細く入れると照明に映えていい感じです。

Q&A

Q 不器用な人でも使える、
涙袋にぴったりなアイテムを教えてください。

A スティックタイプの薄ピンク系が好きで愛用しています!
すっと塗るだけで涙袋にききます!
ボビーブラウン　ロングウェアクリームシャドウスティック17　ピンクスパークル（ELGC）

カラコンに主役を持っていかれるともったいない

フォロワーの皆さんから質問が多いのが、カラコンについて。どこのブランドのカラコンを使っているかという質問だけではなく、歳をとったらカラコンってイタくなりません？　という質問もあります。

私は「年齢を理由にカラコンを諦めない」派です。

明らかにギャルっぽい色は微妙かもしれないけれど、ナチュラルなタイプだったら、何歳になっても使っていいと思います。ただ、年齢は関係なく、アイメイクよりもカラコンに全てを持っていかれるのはもったいないので、デザインの入りすぎていないものを選ぶようにしています。

エバーカラーワンデーナチュラル
ナチュラルモカ（アイセイ）

いかにもなカラコンじゃなくって、とても自然で透明感が出るようなカラコンです。目が人工的になりすぎないっていうところが好き。

大きな違いはないけれど、やや可愛らしい印象になるのはアプリコットブラウンで、ナチュラルモカの方は大人っぽい瞳になれます。

Part 2

新作&名作
リップで
可愛くなる。

肌を作って、目元も仕上げて
最後の最後にのせるのが、リップ。
1日の気分の鍵を握るリップだから
こだわりもいっぱい
お気に入りもいっぱいです。

唇は素材作りからこだわる

私にとって口紅やグロスと同じくらい大事なのが、唇そのものを整えてくれるアイテムたち。どんなにお気に入りのリップを塗ったとしても、唇がガサガサだとキレイに見えないから、唇を整えておくことは大事です。

バームは、保湿力がかなり高いので、寝る前専用。

一方で、リップ美容液は日中に使います。

ベースとして塗って、その上にリップをのせるときもありますし、出先で乾燥が気になったときに美容液をつけることもあります。リップ美容液を塗ってベタベタするなと感じるときは、ティッシュで軽く押さえてからリップを使うといいですよ。

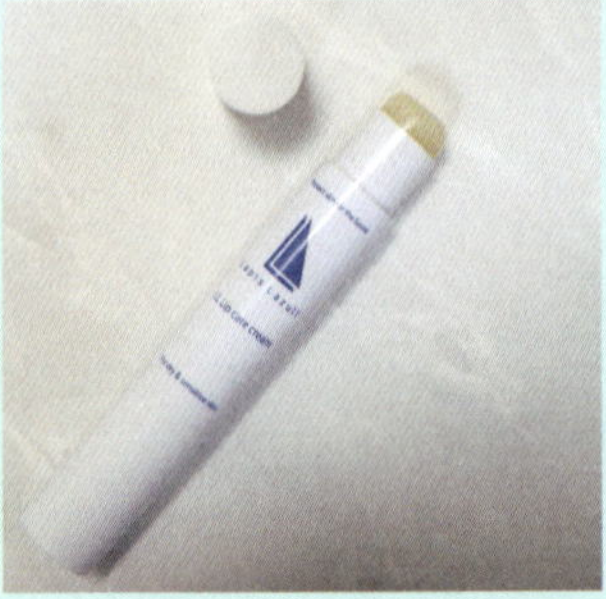

ラピスラズリ　LLリップケアクリーム（ラピスラズリ）

リップメイクの前の保湿や日常の保湿はこのリップクリームを持ち歩いてます。

リップメイクの邪魔をせず、潤いも続くところが好き。

敏感肌の方でも安心に使えるように作られています。

このリップ美容液を使い始めたら唇の皮むけがおさまった！

いつでもキレイな状態をキープ。夏のダメージをケアしつつ秋にかけての紫外線ケアができます。

毎年、夏頃にその年の限定パッケージで発売されるので、ぜひチェックしてみてください！

ハッチ 1912 保湿専用リップ（ハッチズジャパン）

ヴァセリンとかバーム系は保湿されるけどヌルッと感が苦手な人も多いと思うのですが、これは固めのテクスチャーで使いやすいです。

潤いを逃さないし、あとから使う口紅の発色をよくしてくれたりします。

SPF19・PA ＋で紫外線カット効果もあります。

キッカ　スムージングプロテクト　リップベース（カネボウ）

ドラッグストアでも買える、プチプラのリップクリームです。

寝る前に塗ると、翌朝つるんとした唇になるので、愛用しています。

リップメイク前の保湿にも使えるので、手放せないアイテムになりました。

オバジ　ダーマパワーX リップエッセンス（ロート製薬）

新色情報はインスタグラムとツイッターで探す

気になる新色情報。最近は、発売即完売というようなお店もあるから、インスタグラムやツイッターの美容アカウントでマメにチェックしています。

必ず見るのは、美的やVOCE、MAQUIAのアカウント。ここで新作ニュースがまわってくるので、それを見ながら、「これは欲しい」などとチェックしています。

美容雑誌のアカウントをフォローする以外に、おすすめの美容アカウントは@コスメのツイッターや石井美保さんや長井かおりさんなど。これだけチェックしていたら、「うわ！　買い逃しちゃった」ということもなくなります。

Q&A

Q コスメの予約のタイミングがわかりません。
「新商品を買うためにならんだ」と書かれていますが、
「予約でならぶ」ってどういうこと?

A 
コスメは発売の1ヶ月くらい前に情報解禁されて、
3週間前が予約のタイミング。
予約した商品を受け取る日は、お会計だけで1時間ならぶこともあるので、朝イチでショップに行くのがコツ。

リップの色などは、何百本と試し続けたので、最近では口紅自体の色を見ただけでだいたいどんな発色をするかが想像できるようになりました。こればかりは、実践あるのみかもしれません。

逆に、モデルさんの唇にのっている色は、あまり参考にしません。やっぱりもともとの唇の色によって発色も違うので、自分の肌で試したら意外と雰囲気が違ったということもあります。

新商品だったら、ブランドが出している商品の解説を読むのもおすすめ。長持ちを打ち出しているのか、発色を打ち出しているのか、ツヤを打ち出しているのか。そんなところをチェックすると、だいたいの商品の特性がわかりますよ。

Q&A

Q コスメってどのくらい使えるものなのですか?
コスメの捨てどきを教えてください!

A 私もなかなかコスメが捨てられないタイプですが、母に譲ったり、古くなったと感じたものは、思い切って処分したりしています。
液状のコスメであれば、開封から半年経ったものは、肌にもよくなさそうなので、これも捨てるようにしています。

質感は足し算引き算で色はテンションで選ぶ

リップはメイクの最後にするので、そこまでしてきたメイクのバランスを見ながら選びます。

たとえば、アイメイクでラメがしっかり入っていたら、口元はラメを抑えて引き算します。その逆で、アイメイクがあっさりめだったら、口元はラメ感を足して強くしたりします。

色選びはこれといったルールはあまりないのですが、今日は青み系のピンクで揃えようという場合は、アイメイクもチークも、リップも似たような雰囲気で仕上げます。これは、テンションに合わせてとしかいいようがなくて、可

ディオールアディクト リップグロウ 007 ラズベリー（パルファン・クリスチャン・ディオール・ジャポン）

ラズベリーは、私の大好きなピンク色。薄づきで、がっつりと色がのるタイプではないけれど、意外なことに、塗ったあと少し時間が経った方が、色づきもよくなっていました。

愛い気分ならピンク系、ちょっと大人っぽい雰囲気なら赤系という感じで選んでいます。

少し話は逸れますが、私はメイクをするときに必ずその日きて行く服に着替えてからメイクをします。服が決まっていないとメイクも決まらないので、これはもう絶対のルーティンです。

よく、リップでおすすめのブランドはありますか？と聞かれます。もちろん、いくつかお気に入りのブランドはあるのですが、私はブランドで選ぶというよりは、欲しい色かどうかで購入します。

私の場合、オレンジ系を選ぶことはあまりなくて、8割以上がピンク系。残りがレッド系。最初のうちは、カウンターで試し塗りしてから買うといいですよ。

動画をCheck！

ディオール リップグロウ
♡新色２本レビュー！

リップ神7

いろんなリップを
試してきたなかで、
お気に入りのリップたちを
7つに厳選しました。

ディオール　アディクト グロス 092 ステラー（パルファン・クリスチャン・ディオール・ジャポン）

アディクション　リップグロスピュア 11 クライベイビー（コーセー）

スック　モイスチャーリッチ リップスティック 05（エキップ）

クレ・ド・ポー ボーテ ブリアンアレーブルエクラ 7 スターダスト（資生堂インターナショナル）

エレガンス　リクイッド ルージュ ビジュー 07（アルビオン）

スリー　ベルベットラスト リップスティック 18（アクロ）

アディクション　ストールンキス エンハンサー　001 ビトゥンローズ（コーセー）

今日は口紅？　それともグロス？

その日の気分によって、口紅をつけるときもあれば、グロスをつけるときもあります。

最近は、グロス1本で色がしっかりのる、発色がいいタイプが増えてきたので、口紅→グロスといった重ねづけすることはあまりなくなりました。

口紅にするかグロスにするかは、厳密なルールがあるというわけではありませんが、風が強い日にグロスをつけると唇にいろいろくっついてしまうので、口紅にすることが多いです。食事に行くときも、色落ちが気になるので、やはり口紅を選びます。

クラランス コンフォートリップオイル 04 キャンディ（クラランス）

クラランスのリップオイルは、スキンケア効果が高くて、蜂蜜みたいにつけている間ずっと潤っています。

キャンディーは、ネオンピンクカラーで、唇の水分と反応して色が変わるタイプのもの。

派手に発色しすぎず、匂いがいいのも、お気に入りの理由。

グロスの日は、リップライナーは使いません。また、リップ下地もグロスの日にはつけません。
逆に女の子らしい可愛い雰囲気にしたいと思ったときは、ピンク系のリップライナーにぷっくりするタイプの口紅を重ねて、とことんピンクを強調することもあります。

先ほど、口紅とグロスは重ねづけしないと言いましたが、今日はお直しする時間がほとんどないから「落ちないこと優先」という日は、あえて口紅とグロスを重ねづけすることもあります。
これは、色を重ねるというよりは、薄めに口紅のティントを仕込んでベース代わりにして、その上からグロスを重ねるイメージです。
ベースの色がすっぴんにならないようにしておくだけで、1日じゅう裸の唇になりません。

動画をCheck！

クラランスのウォーターリップステイン全色紹介

多色ラメ偏愛の私が大好きなブランド「キッカ」

1章のアイシャドウのところでも言いましたが、多色ラメが大好きな私は当然、リップでもラメ入りのものには目がありません。そんな私がおすすめしたいのが、キッカの口紅とグロス。ぐりぐり塗り重ねても色がのりすぎなくて、抜け感を作ることができるので、若い子でも、大人でも使える、人を選ばないアイテムです。

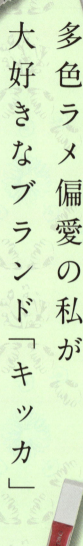

Part 3

透きとおる
白肌を
育てる。

シャドウやリップには流行があるけれど
美肌が流行遅れになることはないから、一生もの。
体の内部から肌を育てることに命をかけています。
白くてなめらかな肌さえ手に入れば
人生はだいたい上手くいく気がします。

体の内側から焼けにくくする

日焼け防止に対する私の執念は、ちょっと半端ないものがあります。海に行くとか、プールに行くということは絶対にしません。365日、日焼け止めを塗るのはもちろんのこと、それだけではなく、体の内側から日焼けしにくい体質にするようにしています。

具体的にはまず、飲む日焼け止め。これは美容家の石井美保さんが絶賛されていたサプリメントを毎朝飲んでいて、いま4箱めになります。顔に小さなしみがあって、それがいつも気になっていたのですが、この飲む日焼け止めには日焼けから肌を守ってくれるだけでなく、肌老化を修

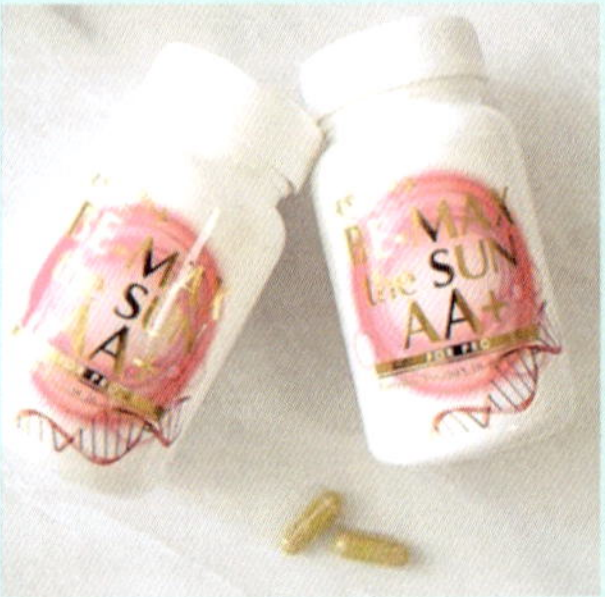

ビーマックス ザ サンＡＡ＋（メディキューブ）

この「ビーマックス ザ サンＡＡ＋」は、市販されてなくてネットでも買うことができません。私は取扱いのあるサロンで、購入しています。

日差しの強い春から夏にかけては、毎朝2錠。秋から冬にかけては、1錠を飲むようにしています。

復してくれる効果があるようで、これを飲むようになってからだいぶ目立たなくなったように感じます。

こういうサプリメントはお値段も張るのですが、シミや日焼けができてしまって、のちのちお金がかかるのであれば、今からちゃんとケアしておきたいなと、先行投資のつもりで頑張って飲んでいます。

夏の間は、紫外線を吸収しにくくなるというドリンクも2日に1回くらいのペースで飲んでいます。さすがに毎日飲むようなVIPな使い方はできないのですが、今日は外を歩き回るなどという日には、欠かせません。これもやはり、先行投資だと考えています。

食事は神経質にならない程度に、できるだけ体によいと言われているものを摂取するようにしています。

ポーラ　ホワイトショット インナーロック リキッド IX（ポーラ）

体のなかからメラニンをできにくくしてくれるというドリンク。日焼けリセットドリンクなどと言われているそうです。10日間連続で飲むと、全身の色むらも軽減してくれるとか。

今日は紫外線が強そうという日の朝、出かける前に飲むようにしています。

朝起きたら、まずは白湯を飲んでデトックス。温泉水を取り寄せして、普段からできるだけ水分をしっかり摂るようにしています。

ご飯は植物繊維が豊富なもち麦を入れて炊いています。お米7割、もち麦3割くらいの割合で炊くのですが、お米の風味はそこまで変わらないので食べやすく、腹持ちもいい。自然とカロリーオフできるので、一石二鳥でおすすめです。

お砂糖は白砂糖ではなく、天然の甘味料を使いたいなと思って、てんさい粉を使っています。

お野菜を食べるときは、スープに入れたりして、あまり体を冷やさないように意識しています。お出汁はちょっと贅沢ですが茅乃舎の出汁を使うようになってから、素材の

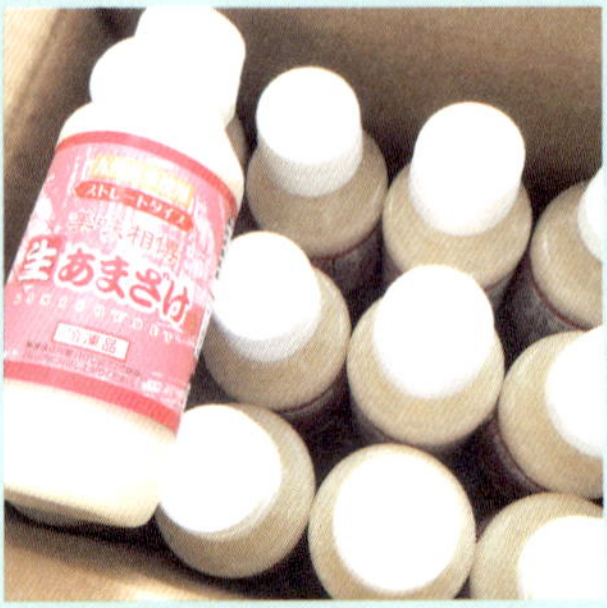

生あまざけ（橋本醤油）

甘酒は、熊本県にある橋本醤油の「生あまざけ」。加熱処理をしていないので、開封後2日で飲まなくてはいけないというもの。

冷凍された新鮮な状態で家に届きます。飲む前日に冷蔵庫に移動させておきます。

味がよくわかるようになった気がします。

あと、毎日のように飲んでいるのが甘酒！　甘酒って、ビタミンが豊富らしいんですよ。巷では、飲む美容点滴と言われているそうで、それを無調整豆乳で割って飲むのが大好きです。

私が取り寄せしているのは、熱処理されていない生甘酒で、冷凍で送られてきます。解凍したら2日で飲まなくてはいけないので、取り扱いは面倒なのですが、栄養が豊富でお砂糖が使われていないのに、ものすごく甘くて美味しいです。

甘酒も豆乳も、美肌効果だけではなく、疲労回復効果があると言われているので、気になった方はぜひ試してみてください。買うなら甘酒は「米こうじ」タイプだと、自然な甘みが美味しいですよ。

温泉水99（エスオーシー）

お水を飲む習慣がなく、美のため・健康のため・ダイエットのためにも摂らなくてはと思っても、なかなかお水を飲めませんでした。

そんな私がお水を美味しく、進んで飲めるようになったきっかけが「温泉水99」。

普通のミネラルウォーターよりも、口当たりが柔らかくてほんのり甘いので、本当に飲みやすい！

外出時には季節関係なくＵＶカット

外出するときは、全身にしっかり日焼け止めをします。いわゆる専用の「日焼け止め」は、厚塗りになりやすいし、肌がきしむし、白浮きしやすいので、私が使うのは乳液タイプの日焼け止めです。

乳液タイプだと、薄づきなので外出先でもこまめに塗り足せるし、メイクにも影響が少ないので、重宝しています。

化粧下地にも、日焼け止め効果のあるものを使って、ＳＰＦを重ねていくイメージで日焼けを防ぎます。

とくに肌の露出の多い夏の時期は、顔だけではなく、そ

ポーラ　ホワイティシモ UV ブロック ミルキーフロイド（ポーラ）

軽くてベタつかないから、日常使いにぴったりです。乳液みたいに伸びもよくて、ボディローション感覚で使えます。

お肌に優しい処方で作られているのもいいです。日焼け止めに香りが強いものは求めていないんだけれど、これは無香料。

の乳液を全身につけるので、1ヶ月に1本は余裕で使ってしまうのですが、これで肌の白さを保てるのだったら惜しまない！

家のなかにいるときも、この乳液だけはつけていることが多いです。すっぴんよりも肌にダメージがない気がするからです。

最近は、初めてお会いする人に、「肌白いですね」って言ってもらえることが増えたので、さらにやる気も増しています！

コスメ以外で使っているのは、日傘。遮光が99パーセント以上のものを選んで使います。

最近気に入って使っている日傘は、サンバリア100という完全遮光タイプ。

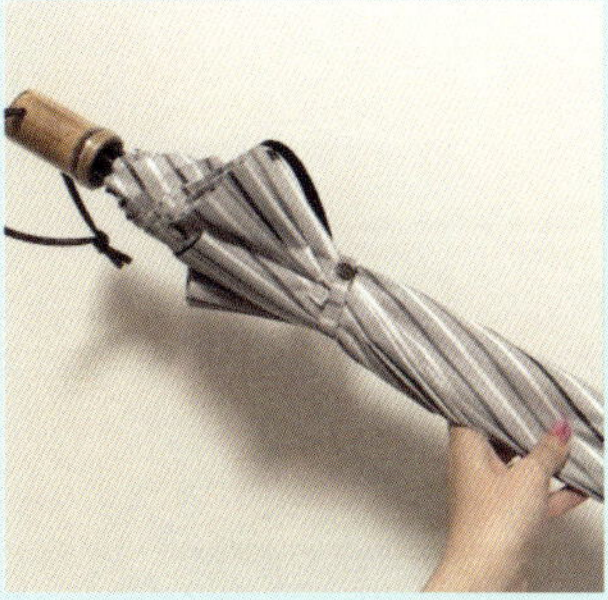

サンバリア100　2段折　グレーストライプ（サンバリア100）

日差しをシャットダウンしてくれるだけでなく、さしている間はとても涼しい。熱中症対策にもなります。

持ち歩きができる折り畳み式はコンパクトで、荷物になりません。

日差しが強くなり出す春先から使っています。

これは差していると、夏でも逆に涼しいんですよ。ちょっと高価なのですが、やっぱり遮光が99パーセント以上だと安心感があります。

肌だけではなく、髪も紫外線でダメージするので、とくに夏場はUVカット効果のあるヘアミルクやスプレーをつけて外出するようにしています。

ナプラ ミーファ フレグランスUVスプレー マグノリア（ナプラ）

夏場は髪の毛にもUV対策！

紫外線はヘアカラーの色持ちをわるくしてしまうので、出かける前にこちらをなじませます。

SPF50あるので髪の毛だけじゃなく、頭皮にもかけるようにしてます。

ドラッグストアでゲットしてから毎日使ってるラベンダーカラーの日焼け止め。

普通の日焼け止めじゃなくて、肌のトーンを上げてくれて白く透明感のある肌になります。SPF50だから日常使いにはまだ数値は高いかなとは思うけど、焼きたくない人は向いてるかも。

プチプラだから、ケチらずたっぷり全身使えるところがいい！

スキンアクア トーンアップ UV エッセンス SPF50+ PA++++（ロート製薬）

夏はフレッシュデイクリームのライトを、冬はフレッシュデイクリームを使い分けています。

毎朝、必ず使うデイクリームで、ベタつかず、保湿もしっかりしてくれます。

メイクもよれないのが、とても優秀で、気に入っています。

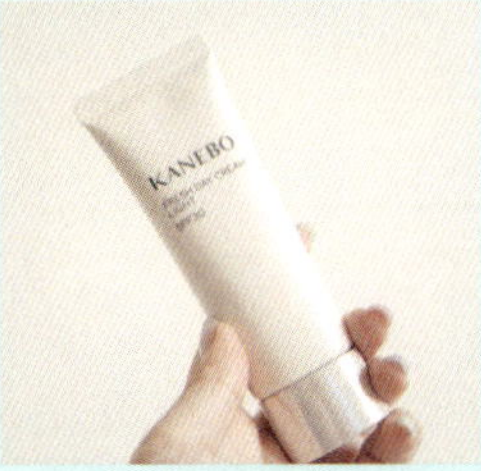

カネボウ　フレッシュデイクリーム（カネボウ）

動画をCheck！

【絶対焼きたくない】
夏の日焼け対策教えます！

クレンジングで肌に負担をかけない

クレンジングはリキッド、クリーム、オイルといろんなタイプを試した結果、今はオイルを使っています。

オイルといっても、ピンキリですが、質のいいオイルを使うと、びっくりするほど肌が柔らかく、ふかふかになるんです。

最初は、オイルを使うと顔が乾燥してしまわないか心配でしたが、この間、肌診断を受けたら、全て平均値以上で全然乾燥していないと言われました。

オイルを使うと肌がむにむにーっとしっとり仕上がります。ミルクよりもしっかり落ちるし、ミルククレンジングだと油膜感が気になるのですが、それも問題ありません。

エクシア AL ジョイグレイス クレンジングオイル（アルビオン）

こってり重めのオイルで、手短に乳化してなじませてを3回ほど繰り返します。今までのオイルでは考えられないくらい、洗い上がりのしっとりもちもちさに感動。

初めてクレンジングで感動したアイテムです。

クレンジングするときは、量をけちらないのがコツ！
ここでもやはり、肌に負担をかけないことを優先します。
アイメイクもオイルで落としますが、綿棒を使うと摩擦が気になるので、指で優しく落とすようにしています。

オイルを使ってクレンジングするときは、一気にクレンジングを顔につけて水で流すのではなく、あまり熱すぎないぬるま湯を使うのがポイントです。少しずつ顔に水分を足して、白くなるまでなじませながら乳化させていくと、メイクが根こそぎキレイに落ちます。

クレンジングが終わったら、即保湿。手の届くところに化粧水を置いて、すぐにスキンケアにうつります。

Q&A

Q メイク落としの使い分けはしていますか？

A

ばっちりメイクならオイル。パウダーファンデや軽めのメイクならミルククレンジング。
オーガニックのクレンジングフリーのものなら石鹸で。
メイクによって、使うアイテムを変えています！

洗顔は余計な皮脂を取りすぎない

洗顔も、クレンジングと同様で、肌への負担を減らすことを第1優先に考えています。

具体的には、余計な皮脂を取りすぎないこと。

洗浄効果が高いものは必要ないので、マイルドなタイプを使っています。

朝はお湯洗顔でいいという人もいますが、私は前日の夜にクリームを塗って寝ていることもあって、それが皮脂とまざって浮いていることがあるんですよね。

だからお湯洗顔だけではちょっと気持ちわるいなと思って、洗顔フォームを使っています。

朝の洗顔アイテムです。

韓国コスメのラゴムから出ている泡だてないジェルタイプの洗顔は、なじませてすぐ洗い流せます。もっちり泡で洗い上がりもびっくりするほど、もちすべになるエクラバイサユリの洗顔と気分で使い分け。

ラゴム　セルロプ ジェルツーウォータークレンザー（コスメッカコリア）

エクラバイサユリ C.B. エッセンスウォッシュ（エクラ）

とくに朝は、これからメイクをしていくので、寝ている間に顔についた埃や皮脂を優しく落として欲しい。でも、洗顔力が強いものだと、必要なものまで落とされてしまうので、やっぱり優しい洗い心地のマイルドなタイプを好んでいます。

カバーマーク　ミネラルウォッシュ（カバーマーク）

夜はクレンジングをしたあとに使うので、すっきり洗えるタイプを愛用中。少量でかなり濃密泡ができて、汚れもすっきり。泡切れもよいので、いつまでもぬるつかない。

化粧水はじんわりあたためて優しく押さえて

化粧水は、朝と夜で使い分けしています。

朝は日中の乾燥を防いでくれるタイプ。あとはハリ感が出るようなタイプ。しっかり保湿ができていると、お化粧ののりもいいし、1日中くずれにくい気がします。

あまりとろみがありすぎるタイプは、かえって化粧くずれの原因になりやすい。なので、朝はさらっとしながらも、しっかり水分を抱え込んでくれるものを選ぶといいと思います。

ドクターシーラボ　VC100 エッセンスローションEX（ドクターシーラボ）

私が朝のスキンケアに使っている化粧水。あらゆる不調、肌タイプに対応できる化粧水。美容液なの？　ってくらい美容成分が豊富で、今後もずっと使い続けたい化粧水です。

夜に使う化粧水は、とにかく保湿力重視。寝ている間に肌の表面から水分が逃げていかないよう、とろみがあって、保湿を持続させてくれるものを選ぶようにしています。

化粧水は手でゆっくりなじませていきます。コットンを使うのが面倒だというのもあるのですが、繊維のけばけばが顔につくのが嫌なのと、若干摩擦も気になるので。

化粧水は、手の温度で少しずつあたためて何度ももちもちっと優しく押さえて、浸透させるのがコツです。水っぽさがなくなってきたなと思うくらいがいい感じ。化粧水が終わったら、そのあとは、美容液にうつります。

ソフィーナ　エスト ザ ローション（花王）

「砂漠の塩湖でも自らの水分を逃さない」というキャッチコピーがすごい、この化粧水。貯水効果で肌の弾力をキープできます。オフィス内の乾燥が気になる人にも、これはおすすめ。少量でも潤うので、意外とコスパがいいと思います。私は夜のスキンケアに使っています。

美容液は気分と悩みに合わせて

化粧水をつけたら美容液にいくのですが、ここで2つのコースに分かれます（笑）。

パターン1は、しっかり保湿をしたいと思ったとき。このときは、セラミドが配合されているタイプの美容液を使います。

というのも私、以前やった肌診断で、少しコラーゲンが減少していると言われたんですよね。

そのコラーゲンを内側から増やしていくケアをしようと思って、セラミド配合の美容液を使うようになりました。

カネボウ　リフト　セラム（カネボウ）

年齢をとわず使える、エイジングケア美容液です。

ハリ感を出してくれて使い続けているとフェイスラインがキュッと引き締まり、スッキリしてきたような感じがします。

この美容液を使うときは、そのあとクリームを使うこともあるのですが、あまりもったりしたクリームをつけると重くなりすぎるので、あえて乳液だけでフィニッシュすることがほとんどです。

パターン2は、肌荒れなどで不安定なときや日焼けをしてしまったときなどは、いつものスキンケアだと刺激が強すぎてしまうので、応急処置的にドクターズコスメをフルラインで使うこともあります。

肌に炎症があるときは化粧水と美容液のあとに、同じラインのバームを塗ったりしてケアしています。

クラランス　ダブルセーラム EX
（クラランス）

疲れ気味だったりして、肌にぷつぷつとした、できものが出てしまったときに使う救済美容液です。
肌を元気にしてくれるので、お守り的な感じで使っています。
保湿効果も抜群で、リピ買い3本め！

引き出し1箱分のパックがもたらす幸せ

パックは大好きで、新しいものが出たらすぐに買いたくなる病気があります（笑）。

パック専用の引き出しがあるくらいで、その引き出しが全部パックの袋で埋まっていて……。

多分、常時100種類くらいあると思います。それを見ているだけでも幸せ（笑）。

逆に引き出しのなかのパックの量が少なくなってくると不安になったりします。

パックは美容液の代わりとして使うので、化粧水のあとに投入します。

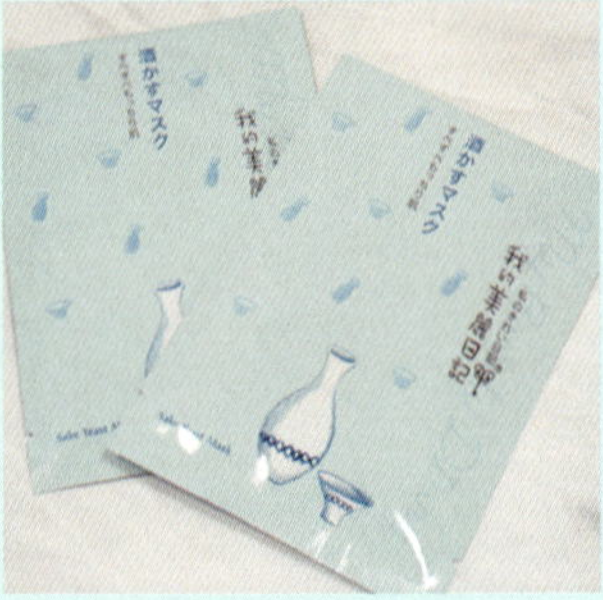

我的美麗日記　私のきれい日記
酒かすマスク（統一超商東京マーケティング）

5枚入りで700円台とお得なのに、肌の透明感がしっかり出るタイプ。
酒かすだけではなくて、他のシリーズもどれもよくて、常に3種類くらいキープしています。
ドラックストアで買える手軽さもいい。

週に2〜3回は使っています。放置時間は10分くらい。まだ水分が残っているなと思ったときは、もったいないので、そのままはがして首に移動させて使うこともあります。

保湿重視のパックは基本的に夜に使います。逆に、美白重視で即効性のあるものは、あえて朝に回すことも。

今日は気合入れて行くぞというときに、美肌効果のあるパックを使うと、肌がぱっと明るくなって肌に透明感が出るのでそのあとのお化粧が楽しくなります。

パックは、プチプラでもいいものがあるので、それを上手に使っています。

酒かすや真珠など、いろいろなテイストのパックが出て

なめらか本舗　豆乳イソフラボン リンクルシートマスクN（常盤薬品工業）

エイジングケア効果のあるシートマスクで、ティッシュのようにさっと取り出せて、20枚も入っています。

伸縮性のあるシートで、密着率もよくて、ぴったりと顔に張りついてくれます。

レチノール配合で、小じわにも効果的で手軽にできるエイジングケアマスク。

いて、私も常に何種類かストックしています。

他にも根菜の濃縮マスクシリーズもよく使っていて、こちらも何種類か、その日の肌の調子に合わせて使い分けています。

こんなふうにいつもはプチプラのマスクをメインで使っていますが、でも、やっぱりたまに高いマスクを使うと、それはそれでテンションがあがります（笑）。

気分的な問題もあるのかもしれませんが、やはり高いものは高いなりの効果があるような気がします。

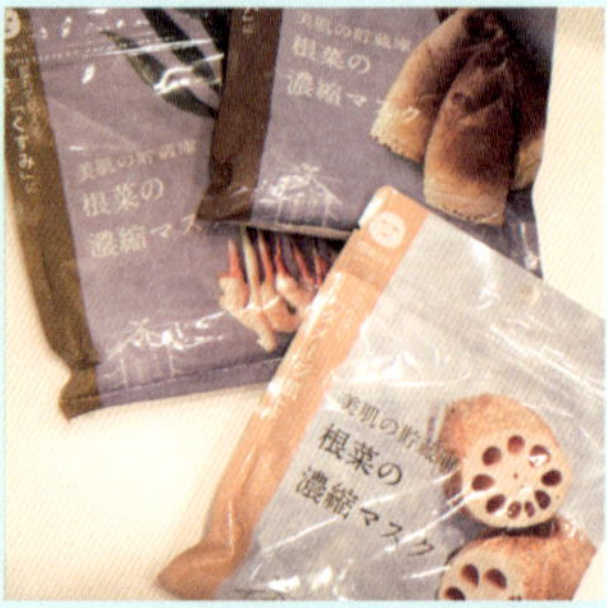

アットコスメ　ニッポン　美肌の貯蔵庫「根菜の濃縮マスク」（アイメイカーズ）

テカるのに乾く隠れ乾燥肌の人に向いているマスクです。

保湿はされるんだけど、全然べたべたしないので、夏の時期に使うのがおすすめ。無着色・無香料・アルコールフリー・オイルフリーで、敏感肌の人でも使えそう。

パッケージにある根菜の写真が目印です。でも、根菜のニオイはしないので安心してください（笑）。

私は酒かすとついているアイテムがあると必ず試してみたくなるくらい、酒かすに目がありません。

このマスクは酒かすのニオイが強めなので、好き嫌いがわかれるかもしれません。

なかなか人気のアイテムのようで、全国的に品薄状態が続いていますが、ネットであれば手に入ると思います。

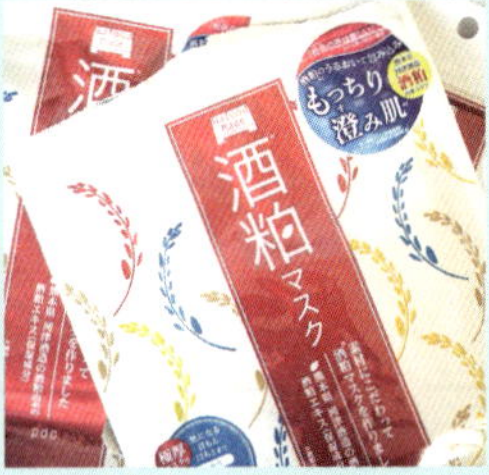

ワフードメイド　酒粕マスク（pdc）

5枚入りで6500円近くする高級マスク。お高いだけあって、マスクも厚手でしっとり。集中的な美白ケアにぴったりです。

新婚旅行で行ったシンガポールで紫外線をたくさん浴びてしまったのですが、そのときも、このシートマスクで贅沢ケアしました。美白だけでなくエイジングケアにもいいそうです。

アンプルールラグジュアリーホワイトトリートメントマスク HQ（ハイサイド・コーポレーション）

動画をCheck！

お気に入りのプチプラシートマスク紹介

肌の力を底上げしてくれるのはブースター

数年前から化粧水の前に、ブースターも取り入れるようになって、かなり肌の水分量が安定してきた気がします。

ブースターというのは、導入剤のこと。化粧水の浸透をよくしてくれたり、内部から肌の状態をよくしてくれるものです。

私的には、「肌を鍛えて肌力を底上げしてくれるのがブースター」という印象。

定期的に肌診断を受けているのですが、水分量ががくっと下がったときに、ブースターを使うようになったら、また一気に水分量が上がりました。

コスメデコルテ　モイスチュア リポソーム（コーセー）

何年も毎日愛用している、私にとって欠かせないアイテムです。

お肌の水分値が高くなるとメイクののりもいいんですよね。化粧水はコロコロ変えるのですが、このブースターは私にとって無くてはならないもの。

大きいサイズを5ヶ月で使い切るくらいの分量です。

お気に入りのものは高価なので、最初は勇気が必要だったのですが、使い切ってみたときに「肌の実力が変わった」と思えたので、その価値があると感じています。

朝晩使って、1度に3プッシュ分を顔から首、デコルテまでまんべんなく広げます。

即効性があるものではないので、継続が必要ですが、こんなに同じものを長く使っているコスメはないんじゃないかというくらい、私にとっては神的なアイテムです。

同じブランドの美白ラインは、主に夏に使っています。美白にはとくにコウジ酸がいいと言われていて、ちょっと贅沢だけれど、スペシャルケアに続けていきたいと思っています。

コスメデコルテ　ホワイトロジスト　ブライト エクスプレス（コーセー）

このホワイトロジストを使ってから、顔がかなり白くなった！

最近リニューアルして、新しくなったホワイトロジストは、前よりも少しサラッとしたテクスチャーになったかも。

浸透もいいしベタつかないから、朝のメイク前にも使えるのがいい。

クリニックを上手に使う

肌トラブルが出たときは、迷わずクリニックに駆け込みます。

とくにニキビは、クリニックで注射を打ってもらえばすぐに炎症がおさまります。

保険が適用されるところにいけば、高くないし、何日もニキビとつき合ってテンションが落ちるくらいなら、速攻クリニックに頼ったほうがいい!

注射というと怖いかもしれないですが、麻酔をしてテープを貼って10分くらい放置してから注射してくれるので、全く痛くありません。友達にもおすすめしていますが、み

Q&A

Q ニキビができたときはどうしていますか?

A 私は青山ヒフ科クリニックに行っています。
とても親切で、すぐ治してくれるので、
いろんな人におすすめしています。

んなリピートしています。

クリニックというとちょっと抵抗を感じる人もいるかもしれませんが、専門家の先生に肌の相談ができるのはいいですよ。

我流でいろいろ試すよりも、即効性があるので、私はおすすめです。

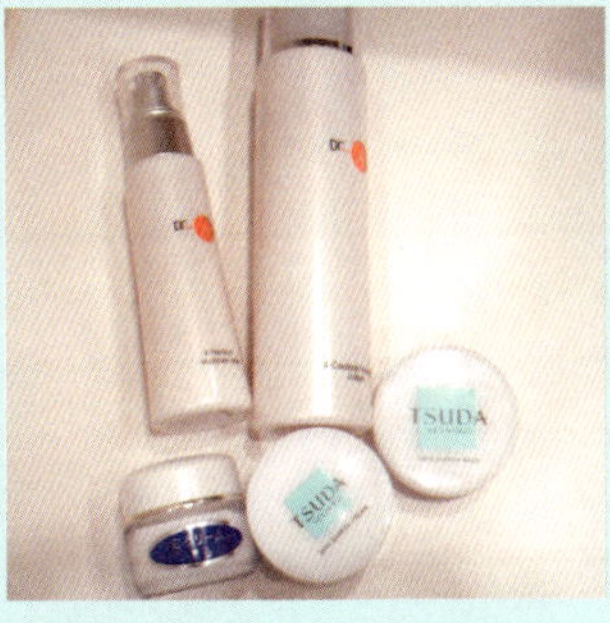

愛用のドクターズコスメ

肌荒れやゆらぎのあるとき、日焼けしてしまったときに使っているのがコレ。下地からクレンジングまで揃っています。

ニキビができたときには青山ヒフ科クリニック専売品の「Cクリーム」をニキビのところに厚めに塗ったり、炎症がひどいときは津田コスメのバームを塗ってケアしています。肌のピリピリもすぐよくなるお守り的スキンケアです。

顔を触らなくなってから美肌になった

根本的なことなのですが、顔を指で触らなくなってから、肌の調子がよくなったと感じます。前は、気になるとつい指で触ってしまっていたのですが、やめてから、肌がキレイになったように思います。

以前は毛穴に汚れがつまっていたら、毛穴パックをしていました。あれは感覚的に気持ちいいし、一見黒ずみもとれる気がするんですけれど、結局、開いた毛穴にまたゴミが入り、余計黒ずんでいく悪循環を感じました。

顔をいじらなくなってから、毛穴の黒ずみもなくなって、角栓も気にならなくなってきた。だから、やっぱり触らないというのは重要です。

Q&A

Q 毛穴の黒ずみに悩んでいるのですが、いい解決策はありませんか。

A 毛穴の悩みには、フォトフェイシャルが本当におすすめです。
122ページに詳しく書いたので、ぜひ試してみてください!

Part 4

メイクは
肌で
8割決まる。

顔はベースづくりが8割です。
ベースがうまくいけば、肌がキレイに見えるし
それ以外のメイクも全部キレイに見せてくれる。
だから、ベースメイクは、
全ての工程のなかで、最も重要なのです。

ラベンダーのアイテムは透明感と血色感のいいとこどり

肌のベースづくりで私がこだわっているのは、ラベンダー調のピンクカラーのなかに、細かいパールが入っているベースを使うこと。

これがまさに「透明感・爆上げ」という感じ！

私はもうこれがないと透明感メイクは無理というほど、愛用しています。

青み系の下地は透明感が出て、ピンク系の下地は血色感が出るのですが、ラベンダーピンクは、その両方が手に入るのがすごいところです。

ジバンシィ　ブラン ディヴァン UV シールド（ジバンシィ ジャパン）

透明感が出てトーンアップする日焼け止め入り乳液です。

ポイントは首まで塗ること。首と顔の色が整うので、そのあとの下地やファンデーションが浮きません。

どんな人でも一気に顔が明るく見えるし、くすみ感が抜けるしと、いいことづくめ。

私みたいな、血色がわるくて顔が青白く見える人にも、黄ぐすみに悩んでいる人にも、ラベンダーピンクはかなり万能で、力強い味方になってくれます。

私は、乳液でも下地でもラベンダー系を使うことが多いです。

肌の下に「透明感、仕込んでますよ」という、この感じ！このよさは使った人にしかわからないので、ぜひ試してほしいです！

ベビーピンク　ラベンダーマジックベース　SPF20PA++（バイソン）

日常の紫外線カット効果もあるプチプラの下地です。

全顔に塗らず、透明感を出したい頬にだけのせて使っています。

ピンクパールとブルーパールが入っていて、ピンクで血色感を出しつつ、ブルーで透明感も出るようになっています。

ぷるっとしたテクスチャーで、伸びもいいです。

化粧下地は縁の下の力持ち

ベースメイクにかける時間は15分から20分くらい。

化粧水と日中用乳液などのスキンケアが終わったら、まず下地を塗ります。前に書いたように、色みはラベンダー系がおすすめです。


私は色が白いので、血色を足したいタイプですが、オークル系の人だとしても、絶対に化粧下地はつけたほうがいいと思います。


下地をつけるだけで、肌むらが整いますし、ファンデーションの持ちもよくしてくれます。

どんなにいいファンデーションを使っていても、ファン

ポール＆ジョー　ラトゥー エクラ ファンデーション プライマー N（ポール＆ジョー ボーテ）

光のツヤ感がキレイで理想的で、スポットライトをあびたような明るい肌というのがぴったりな下地！

このラベンダーは、日本人の黄みの肌を明るく補正する効果があって、毛穴もさっとキレイに飛びます。

さらにシルバーパールとレッドパールも透明感にひと役！

デ単体だけでは1日過ごすとよれてしまうんですよね。

下地は、ファンデの持ちをよくしてくれる、縁の下の力持ちのような存在です。


下地を選ぶときは「どんな肌に見せたいか」を考えてみてください。理想の肌がツヤっぽい肌だったら、そのような下地をつけるといいし、私の場合は透明感が欲しいので、そこを重視して選びます。

理想の肌と言われても、どう見つければいいのかわからないかもしれませんが、たとえば憧れの芸能人の肌をイメージするだけでもいいんです。

石原さとみちゃんやこじはるといった特定の人を思い浮かべたり、雑誌の「ar」風みたいなイメージなどと思い浮かべてもいいと思います。自分の方向性が見えれば、BAさんにも相談しやすくなります。

エレガンス　パンプリフティング
ベース UV PK110（エレガンス）

インスタグラムでもお揃い＆絶賛報告が多かった下地です。とにかくピン！　とハリ感のある肌に仕上がって、ピタッとついてくれる感覚がいい。

これは20代後半の人たちの初めてのエイジングケアで使ってほしいアイテム。ハリ感が実感できます。

ファンデーションはなりたい肌の質感で決める

理想の肌作りができるとテンションがあがります。完全に自己満足だとはわかっているのですが、「そうそう、これが私の求めていたやつ！」と、盛り上がるんです。

ファンデーションは、1年で5～6個、新作を試します。もちろんどれもわるくはないのですが、感動したり、理想の肌になれたというようなものは、1年に1度出会えるかどうかという感じで、結局残っていくものは数多くはありません。

ファンデーションは、コスメカウンターで試すのが重要

レメルヴェイユーズ ラデュレ リクイド ファンデーション　10（アルビオン）

つけるとさらっとしたセミマットな仕上がりになる薄づきファンデ。ポール & ジョーの下地でパール感と若干のツヤを出しつつ、このラデュレでセミマットに抑える。だけど、下から透明感が湧き出る！　みたいな、最高の相性だと思います。

このファンデは夏よりも冬に、そして、肌の色がピンク寄りの方にオススメ。

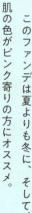

です。慎重にいくなら、試供品をもらって、2〜3日試してもいいくらいだと思います。湿度や天気によっても化粧のりが違うので、数日試すのがベスト。

そこまでできないという人でも、カウンターで塗ってもらって、厚塗りにならないかとか、肌の色と合っているかなどをチェックするだけでも、失敗はかなり減ります。

私の場合は、薄づきかどうかも大事なチェックポイントです。薄づきであれば、とことんくずれすぎることはないので、大きな失敗はしません。

人によって、ツヤ感が欲しい人も、セミマットな質感が好きな人もいると思います。

私はマットな質感は好きではないので、ファンデーショ

ディオール　バックステージ フェイス＆ボディ ファンデーション（パルファン・クリスチャン・ディオール・ジャポン）

薄づき、ツヤ肌、そして軽い仕上がりでくずれない！
そして、色の展開が21色もあるので、自分に合った色が絶対に見つかります。色がドンピシャで合ったファンデはこれが初めて。

ンは基本的にリキッド1択です。

パウダリーファンデーションはどうしてもメイクの幅が広がらない気がします。

クッションファンデーションは、急いでいるときには重宝するのでときどき使います。


色の選び方にもコツがあります。

私の場合、黄みの強いタイプのファンデーションをつけると肌がくすんでしまうので、そういったラインが強いブランドでは、そもそも合うファンデーションの色が1色もなかったりします。


ほとんどのブランドは黄みタイプのファンデのラインアップですが、ピンク味タイプのファンデは、コーセー系列やディオールあたりであれば揃っているイメージです。

ランコム　タンイドル　ウルトラウェア　リキッド（日本ロレアル）

ランコムと言ったら、黄みの強い色ラインアップの印象でした。（タンミラクとか……）。

私はピンク寄りのファンデの色が似合うので、こちらからピンク寄りの展開が出たとき、すぐさま購入。

夏向きのファンデでくずれないし、厚塗りにならないし、くずれてもドロドロしなくて、キレイなんです。

みなさんも、自分の肌色にあったファンデが豊富なブランド、そうじゃないブランドがあると思います。食わず嫌いをせずに、いろいろ試してみるといいかもしれません。

ジョンセンムル　エッセンシャル スキンヌーダー クッション（ジョンセンムル　ビューティー）

時短といえばクッションファンデですが、よれやすくて厚塗り感が出るというネガティブな印象を持っていました。でも、このクッションファンデはそのイメージを一気にくつがえすアイテム。よれない、素肌感があるのにカバー力もあるし、つるんとした肌に見える。そして白浮きした仕上がりにならない。本当に感動したクッションファンデです。

濡れたスポンジで抑えるだけでピタッと密着

ファンデーションを塗るとき、その商品の専用スポンジがあれば、専用スポンジを使うと、ムラになりにくいです。すごくよく伸びて、薄づきタイプのファンデーションであれば、なじんでくれるので、指で伸ばします。

最近よくやるのが、ファンデーションを塗ったあとに、スポンジに水を含ませてぎゅっとしぼって、顔にぽんぽんとつけてファンデーションを抑えること。これだけで全然ファンデがよれなくなるし、ツヤが出るので試してみてください！　専用のスポンジも販売されています。

夏場は氷水に浸したスポンジを使うと毛穴が引き締まったような感じがして、とてもよかったです。

ロージーローザ　ジェリータッチスポンジ　ハウス型6P（シャンティ）

水で絞って使う専用のスポンジです。たくさん入って数百円なので、コスパもいいし、洗って何度も使えます。

私は水で絞ったあと、キッチンペーパーで軽く水気を切ってから顔にぽんぽんとのせています。

化粧持ちがよくなりますよ。

下地とファンデの最高の相性をみつける

化粧下地とファンデーションには相性があります。ぴたっと最高の相性のものに出会えると、本当に革命が起きるというほど、しっくりくるんですよね。

そんな組み合わせに出会えると、跳びはねたくなるくらい嬉しくなります。

化粧下地とファンデーションは、必ずしも同じブランドのラインじゃなくてもOKです。

私の場合は、つけたいものをつける派なので、ラインで揃えるというよりは、それぞれ好きなものを組み合わせて、「革命、きた！」とひそかに盛り上がっています。

（右）ポール＆ジョーの下地
（左）ラデュレのファンデ

私の場合、90ページで紹介した「ポール＆ジョーの下地×ラデュレのファンデーション」の組み合わせが、もう、神です。透明感が爆上げします。

最高の組み合わせ
下地×ファンデーション

私のなかで
革命が起きた、
下地とファンデの
組み合わせです。

サナ　毛穴パテ職人
毛穴崩れ防止下地（常盤薬品工業）

ランコム　タンイドル ウルトラウェアリキッド（ランコム）

皮脂を出にくくしてくれるプチプラの下地とくずれないファンデをうたうアイテムによくありがちな「乾燥」を感じないリキッドファンデ。

指で伸ばさずスポンジで薄く伸ばすと素肌っぽく、気になる箇所に重ねるとカバー力も増すのに厚塗り感が出ません。総合的にメイクくずれしやすい夏に向いてる組み合わせ。

サナ　毛穴パテ職人　毛穴崩れ防止下地（常盤薬品工業）

ディオール バックステージ フェイス＆ボディ ファンデーション（パルファン・クリスチャン・ディオール・ジャポン）

下地は上と同じ毛穴パテ職人の「毛穴崩れ防止下地」です。

またか、と思うかもしれませんが、皮脂の出やすい夏には欠かせない下地なので、ぜひ試してみてください。

薄づきでさらさらとした仕上がりになるので、こちらも夏におすすめの組み合わせです。

アンプリチュード
トランスルーセント
エマルジョン ファン
デーション（アクロ）

2018年9月に立ち上がったブランドの「アンプリチュード」の下地とファンデ。
下地は自然なツヤと潤ったお肌に、ファンデは薄づき＋セミマットに仕上げてくれます。
秋冬におすすめな仕上がりのキレイさに感動した組み合わせです。

アンプリチュード
クリアカバー
リキッドベース
（アクロ）

レ・メルヴェイユーズ ラデュレ　リクイド ファンデーション（アルビオン）

レ・メルヴェイユーズ
ラデュレ　モイスチュア
ライジング メイクアッ
プベース（アルビオン）

保湿力が高めなので、乾燥しやすい季節におすすめの組み合わせ。

ラデュレのファンデは、色の展開が少なめで、1番明るい色でも他のブランドの標準色よりやや明るいくらいの色バリエーション。

だから、明るさを出してくれるこの下地を使うと、理想のトーンバランスになります。

コンシーラーは複数あっても困らない

コンシーラーは、目元用とニキビ痕用と、小さなシミ用、赤み隠し用など、使い分けています。

リキッドタイプのもの、固形タイプのもの、オレンジ系や青み系など、それぞれ得意分野が違うので、1つを使い回すというよりは、いくつか持って、それを使い分けるのがいいと思います。

まず乾燥しやすい目元には、厚塗り感のないタイプのコンシーラーを使っています。

気になるクマの部分にはオレンジを仕込んで、上から明

カバーマーク　ブライトアップファンデーション B1（カバーマーク）

私は小鼻周りの赤みをカバーするために使っています。スティックタイプでやや固めのテクスチャーなので、小鼻や皮膚が動きにくい場所に向いてます。

るめの色を重ねると自然な色に。

でも、オレンジは主張しやすいので、範囲を狭めて使うことをおすすめしています。


目元はよく動く部分なので、乾燥しやすいのが悩みですよね。

そこに固形のコンシーラーを厚塗りすると、粉をふいたみたいにパサパサになってしまうので、小じわにたまりにくい、ゆるめのコンシーラーを使うようにしています。


気になっている頬のそばかすも、同じゆるめのリキッドタイプでさっと隠せば、まったく目立ちません。


ニキビ痕やシミには固形のコンシーラーを使います。

ニキビはおでこや頬や小鼻の横などに出やすいのです

ローラメルシエ　フローレスフュージョンウルトラロングウェアコンシーラー 1C（資生堂ジャパン）

目元や頬のそばかすのカバーに使用。つけてるの？　ってくらい自然な仕上がりなのに、隠したいところはちゃんと隠してくれます。

目元って乾燥してヒビ割れしやすい場所なのですが、このコンシーラーはそういうこともありません。

私のなかで殿堂入り認定したコンシーラーです。

が、この部分はそこまで筋肉が動く部分ではないので、リキッドではなく固形のもので、ピタッと収まってくれるもののほうが扱いやすいです。

コンシーラーは、専用のブラシを使うと、ものすごく塗りやすいんです。

そして、コンシーラーをつけたあとは、先ほど紹介したスポンジで少し抑えて余分な油脂を取り除きます。

だいたいの肌の悩みはコンシーラーで解決すると、私は感じています。

コンシーラーも本当にいいものがたくさん出ているので、まずは試して欲しいです。

とはいえ、コンシーラーは、あくまで影武者。

ナーズ　ソフトマットコンプリートコンシーラー 1276（資生堂ジャパン）

ニキビやシミを隠したいときのコンシーラーはファンデの色よりも気持ち暗めのものを選んでいます。

固形でカバー力が高いのに、厚塗り感がビックリするほどないんです。

しかも、オイルフリーだから塗ったあとサラサラで隠したい部分にぴたっと密着！

私は何もつけていませんよーという振りをして、肌をキレイに見せるものだから、コンシーラーを厚塗りして目立たせてしまっては本末転倒。

全部隠し切ろうというよりは、ナチュラル感を損なわない程度に隠すという気持ちで使うのがいいと思います。

Q&A

Q 夕方に顔がくすんでしまいます。よい対処法はありませんか?

A ラベンダーのプレストパウダーを使うのがおすすめ。
もし、くすみが口周りだけだったら、
「ディオール フィックスイットカラー」という
スティックタイプのコンシーラーを
口元にさっと使うと1日中カバーしてくれます。

チークは季節で変える

チークは、気分によってクリームチークとパウダーチークを使い分けします。

大きく分けると、ツヤ感を出したいと思う日が多い春夏のメイクでは、クリームチークを使うことが多いです。

逆に、ぽわっと華やかな発色を重視したい秋冬は、少しセミマットに仕上げたいので、パウダーチークを使うことが多いです。

チークは種類によって、使う順番が変わります。

クリームチークの場合は、ファンデーションのあと、

ナーズ ブラッシュ 4024 Nico（資生堂ジャパン）

見ためは色がベージュっぽくファンデーションっぽいような感じ。

このカラーは、チークベースとしてだったり、チークを入れたところをぼかしたりするのにかなり評価が高くて、美容通の人たちもみんな絶賛してる名品です。

チークをつける技術が上がったと感じてしまうくらい……!!

フェイスパウダーの前に使います。

パウダーチークの場合は、フェイスパウダーのあと、リップの前に使います。


濃すぎるチークだと、色をのせすぎちゃうとぼかすのが大変なので、私は発色がよいものよりは、重ねづけで色の調整ができるタイプが好き。

つけすぎないようにふわっと筆にふくんで、調節しながらつけていくと自然な発色になります。


ちなみに、チークにもベースがあって、それを使ってからのせると持ちが違いますが、私はあまり必要性を感じていません。

それでも、つけすぎてしまったときにベースでぼかしたり、夏などの化粧の落ちやすい季節には重宝します。

ローラメルシエ　ブラッシュ インフュージョン　08 キールロワイヤル（資生堂ジャパン）

粉チークなのに、色持ちがかなりよくすぐにいなくならない。

そして柔らかい粉質で、チークがペタッとつかずじんわりとした発色に。初心者の方でも失敗なくつけられるチーク。

このシリーズのチークはどれもかなり優秀なのでお好みの色を選んでください。

私の場合は、肌の白さが引き立つチーク推しなので、青みピンクで透明感を出すか、少しラベンダー系でお人形っぽく見せるか、だいたいこの2パターンを行き来することが多いです。

アイメイクはころころ変えるけれど、チークは肌色との相性があるので、最近は定番に落ち着いている気がします。

アイテム欄では、私の定番の推しチークを紹介しているので、ぜひ試してみてください。

キッカ　フローレスグロウ フラッシュブラッシュパウダー 06 ポニーテール（カネボウ）

ほわ~んとした青みピンクで、透明感がすごいしチークつけているでしょ感がなくて、そこがいいんです。体温チークと呼ばれるだけあり、お肌に溶け込むようになじんでくれます。

薄く広めに伸ばすと可愛い。

これは私のイチ推しの肌がキレイに見える「美肌チーク」。チークで美肌になれるなんてと感動したもの。

見ためも可愛いし、誰でも失敗なくつけられるので、とってもオススメです。

スックのチークは全部、使いやすくていいです！

スック　ピュアカラーブラッシュ　06 春菫（エキップ）

見ためはパープルっぽいピンク。青みピンクの透明感抜群。ラメやパールは入ってなくて、ふんわりマットなタイプです。顔の白さが際立つカラーなので、お人形みたいな仕上がりにしたいときに！

とくに肌の白い人に似合いそう。

乃木坂46の白石麻衣ちゃんがつけていそうな可愛らしいチークです。

レメルヴェイユーズ ラデュレ プレストチークカラー N01（アルビオン）

普段つけてるピンク系チークの上からふわっと重ねると淡い偏光ピンクに。

透明感が本当に素敵なので、いつものチークのプラスαとして使って欲しいアイテム。

資生堂 インナーグロウチークパウダー 10 メデューサピンク（資生堂インターナショナル）

季節でメイクの「質感」を変える

今までどんな季節でもツヤツヤに仕上げたお肌にするのが命だった私なのですが、季節ごとに合うメイクの「質感」があると感じるようになりました。

それからは、夏はツヤ肌、冬は断然、セミマットで仕上げるようにしています。

夏はツヤツヤっとした素肌感があると、透明感も出るし華やかな印象になるので、ツヤを出して内側から発光しているような肌を作るようなイメージで。

アールエムエスビューティ　ルミナイザークワッド（アルファネット）

4つのハイライトがパレットになっています。

それぞれシーンに合わせたり、ブレンドしたり、いろんな組み合わせで使えるのでお得感があります。

セミマットに仕上げたけど、ほんの少しだけツヤが欲しいときに、細めのブラシでちょんとのせて、ツヤを足していきます。

逆に冬の季節は、ふんわりセミマットな質感にまとめて、お人形さんのような陶器肌を目指しています。セミマットな仕上がりは、夏だと重く感じるけれど、ふんわり仕上げたベースメイクは冬の澄んだ空気とぴったり。

なぜ、マットでもなく、ツヤでもなく「セミマット」なのかというと、マットとツヤ両方のいいとこどりができるからなんです。透明感を出しつつふんわり仕上げて、ツヤを出すところは出すといった仕上げ方ができるのは、セミマットだからこそ。

夏はツヤ肌を、冬はぜひ、セミマットに仕上がるファンデやパウダーに挑戦してみてください。

Q&A

Q 思ってたよりもツヤが出てしまって、テカリが気になる。どうすればいいの?

A 気になる場所にお粉を使うとさらっとした肌を作れます。せっかくのツヤ肌なので、マットになりすぎないタイプのアンプリチュードのパウダーがオススメ。
112ページで紹介しています

フェイスパウダーは筆でさっと塗る

クリームチークはよれやすいので、フェイスパウダーをふわっと重ねて、固定します。

リキッドのファンデーションを固定するのにも、フェイスパウダーは必須です。

フェイスパウダーには、だいたい専用のパフがついていることが多いと思うのですが、付属のパフを使うと厚塗りになりやすい気がします。

なので、私は白鳳堂の大きなブラシを使っています。

ブラシに粉を含ませるようにして、なじんだかなと思っ

アンプリチュード フィニッシュルースパウダー01（アクロ）

粉が粉砂糖のようにサラッサラで粒子がとても細かい。そして肌にのせると、しっとり溶け込みます。しかも、ツヤ系ファンデのツヤも消しません。

冬場にフェイスパウダーを使うと乾燥しやすい方はこれを使ってほしい！

たら、額、目の周り、フェイスライン、小鼻に、ささっと軽くのせます。フェイスパウダーに限らず、筆を使うとお粉のふくみを調整しやすいから、厚塗りになりません。

メイクブラシを使うと、メイクの腕がアップするように感じます。

ブラシについては、132ページで詳しく紹介しているので、チェックしてみてください。

ジョンセンムル エッセンシャルスムース フィニッシュパクト ライト（ジョンセンムル）

ファンデの色や質感を邪魔しないフェイスパウダー。肌を触ると気持ちいいカシミア肌に。フェイスライン、Tゾーン、小鼻周りにだけ重ねています。

プレストタイプで持ち歩きできるのも便利です。

ハイライトとシェーディングは絵を描くようにのせる

フェイスパウダーが終わったら、あとは、ハイライトとシェーディングで、顔を削ったり、きらっとさせたりして、ベースメイクはフィニッシュです。

2つのアイテムは、顔の形や質感を変えるアイテムなので、難しいことを考えずに、絵を描くように使います。

ハイライトは「ここに光が欲しいな」というところにのせていきます。

私の場合、ハイライトは何種類も持っていて、気分によって使い分けしています。

たとえばピンクのチーク×ピンクのアイメイクにしたい

ローラメルシエ　フェイスイルミネーター 04 ディボーション（資生堂ジャパン）

ピンクシルバー系ハイライト。明るさも出しながら、肌に光を集めてくれます。ピンク系でなじみも◎。とくに色白さんに向いてそうなハイライトです。

日だったら、ちょっとキラキラ女子感を出すために、ラメ感のあるハイライトを目の下にふわっと塗るとか。
今日はお仕事モードという日だったら、スティックタイプのハイライトで、目の周りのCゾーンだけ、唇の山部分だけ、ぴぴっと塗っておくとか。

シェーディングは、「ここを削りたいな」という部分にさっとひと塗り。
シェーディングもスティックタイプのものをよく使っています。細く見せたい部分にさっとなじませる感じです。

使いやすいのは、太いペンシルタイプのもの。手でぼかしても全然むらにならないので広い範囲にも使えるし、逆にノーズシャドウとして細かい位置に使うこともできるし、その万能感は半端ありません。

バーバリー フェイスコントゥア 01（バーバリー・リミテッド）

粉のタイプのシェーディングよりは、私は断然スティック派。
今までシェーディングは全然使わなかったんだけど、これに出会ってから「シェーディング大事」と思うようになりました。
これで影を落とすと、フェイスラインの印象が全然変わります。

フィニッシングスプレーがあれば化粧直しは必要ない

最後の最後、リップまで塗り終わって顔が完成したあとに、メイク持ちをよくするために使うのが、フィニッシングスプレーです。これをやるかやらないかで、くずれ方が全然違うので、ぜひ試してほしいです。

とくに暑い夏場はファンデがドロドロになったりするのですが、このスプレーがあればかなり防げます。

顔にそのまま吹きつけると直撃でメイクがくずれるので、上に向かってスプレーを噴射して、その落ちてきた粒子の下に顔をくぐらせるような感じでつけてください。

このスプレー1つで、かなりお化粧の持ちが変わります。

クラランス フィックス メイクアップ（クラランス）

メイクが終わったあとにシュシュっと顔全体にふきかけるフィニッシングスプレーです。

これを使うことによりメイクくずれしにくくなって、持ちがぐんとアップします。

夏場にとくに大活躍。外で動き回ることが多い日は必需品でした。ほんのりローズの香りがします。乾燥も気になりません。

Part 5

髪とボディでテンションをあげる。

メイクと同じくらい力を入れているのが髪。
人から1番見られる場所なので、気を使っています。
そして、メイクを頑張るようになったら、
美意識が上がったのか、
最近は、ボディにも関心が湧いてきました。

髪は、メイク以上に重要

髪は、1番キレイにするべきパーツだと考えています。人から最初に見られるのって、やっぱり髪だと思うんですよね。なので、メイク以上に気を使って、ボサボサになったりしないように気をつけています

出かけるときは、基本的に毎日巻いています。
巻き髪というと難しく感じるかもしれませんが、これも慣れ！　今は数分で巻けるようになっています。気分によって、太さの違う2本のアイロンを使い分けて巻きます。

最初にベースのスプレーをかけておくと、髪を熱から

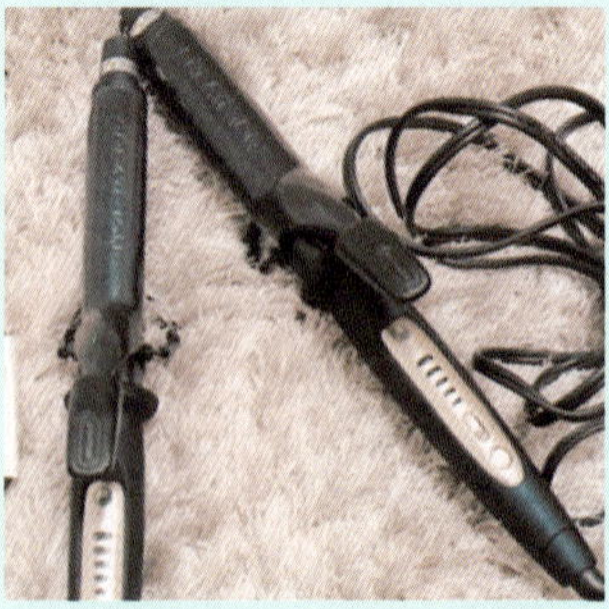

ホリスティックキュア カールアイロン 26m ／ 32mm（クレイツ）

以前使っていたアイロンに比べて、断然カールが柔らかいのと、カール部分に水分が残っている気がします。アイロンで巻くとぱさつきやすいのですが、これは全然そんなことがない！　低い温度でもちゃんと巻けるという、私にとっては革命的なアイロン。

守ってくれるのと、カールがつきやすくなるので、それでできるだけ髪に負担をかけないようにしています。

髪は濡れているときが1番傷みやすいと聞いたので、洗ったあと10分以内に乾かします。スキンケアやパックをしている間に、乾かしてしまう感じ。

前にも書きましたが、私は服も髪も外出できる状態まで完成させてからメイクをするようにしています。先にファッションとヘアを完成させておくことで、今日はどんなメイクにしようかな？　というテンションが上がります！

動画をCheck！

【ゆるふわ巻き方】
最近のヘアセット方法！

ヘアカラーは3週間に1回

写真をアップしたり、動画を撮ったりすることも多いので、根元がプリンにならないように、ヘアカラーは3週間に1回ペースでしています。

ヘアカラーでもやっぱり、少しラベンダーカラーを入れてもらうようにしていて、そうすると肌と同様で、髪にも透明感が出るんですよね。

それだけヘアカラーをしていると、髪が傷まない？　と聞かれますが、毎日使うシャンプーを美容師さんおすすめのものに変えてから、髪のおさまりが全然変わりました。

美容院で、定期的にサロンのトリートメントをするのも

ユーレルム 銀座
代表の森さん
インスタグラム：@moriders

私の行きつけの美容室「ユーレルム」。友達の髪色がとってもキレイで、私もやってもらいたい！　って思ったことがきっかけでした。代表の森さんとのつき合いはかれこれ、何年になるだろう。3年くらい経つかな。腕は確かなので、都内で美容室を探してる方はぜひ行ってみて！

欠かせません。

カラーリングをした当日と次の日は、色持ちをよくするためにシャンプーしないようにしています。

でも、とはいってもやっぱり汚れが気になるときもあります。そういうときに活躍してくれるのが、ＭＴＧのシャワーヘッド。

これは、お湯だけで洗っても汚れを取り除いてくれる優れもので、このシャワーヘッドに変えてから、ちゃんと頭皮が洗えている実感があります。

シャンプー&トリートメントと、アウトバストリートメントは、同じラインの美容室専売品を使っています。アウトバストリートメントは、ドライヤーをかける前に使って、髪を保護するようにしています。

動画をCheck！

ヘアチェンジ
普段の美容室の流れを公開

ときには美容医療に頼る

総合的に美肌にしたいなら、フォトフェイシャルがいいと言われて、試してみました。

感想は「やっぱり、機械ってすごいな」って（笑）。肌の色むらが気にならなくなって、毛穴も引き締まるようになりました。最高のコンディションの肌状態になります。

元々、遺伝でそばかす家系なので、母も祖母もそばかすが頬にあり、私自身もコンプレックスに思っていました。

そんなそばかすも、フォトフェイシャルのおかげで気にならないくらい薄くなった！

コラーゲンピールといって、初期のエイジングケアができるものもあり、こちらは若い人にもおすすめです。

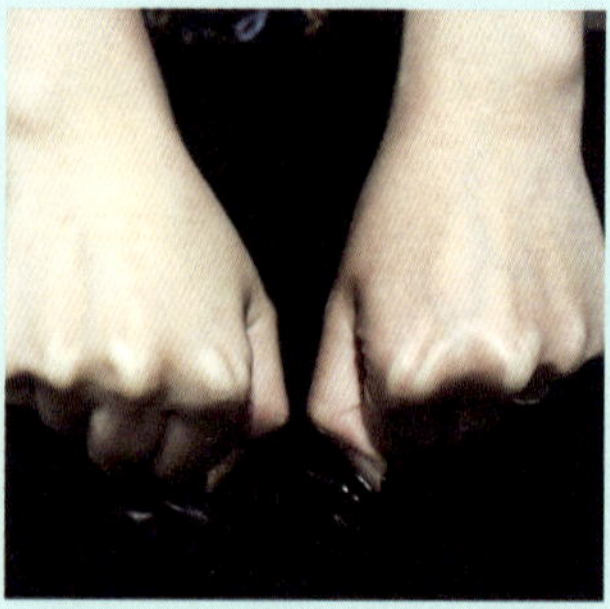

コラーゲンピール（銀座国際美容外科）

私がコラーゲンピールでお世話になっているクリニックです。20代から始められる初期のエイジングケアにおすすめ。

肌にハリ感を出して、つるつるにしてくれるうえに、美肌効果も期待できます。

左がコラーゲンピールを当てた手で、右が何もしていない手。写真で比較してみてください！

月1のボディメンテナンスで美意識を保つ

エステは月に2回程度、ボディケアで行っています。

エステに行くと、「せっかくエステに来たから、無駄にしないようにしよう」という気持ちが芽生えます。

それ自体に即効性があるというよりは、美意識が育つことで、結果的にキレイになれるような気がします。


肌に比べて、ボディは特別なことはあまりやっていないのですが、意識しているのは、お風呂に入るときに、首までしかりつかること。

私の場合は半身浴だと上半身に冷えが残ってしまう気がするので、首まで温めるようにしています。

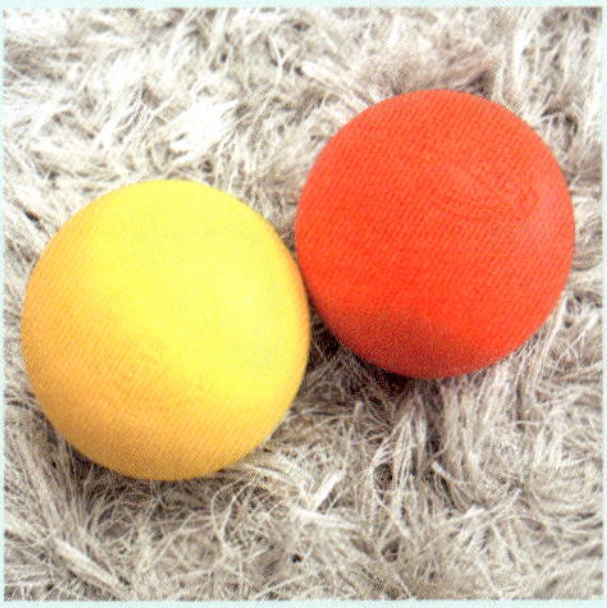

トリガーポイント™　マッサージボール（ミューラージャパン）

足裏が固いとしっかりと歩けなかったり、姿勢もわるくなってしまったりします。

私は少し固くて、しっかり足裏が使えていないとのことで、ボールで毎日ほぐすようにしています。

足裏がゆるまれば、ちゃんとした筋肉を使えるようになり、足もすっきりしてくるのだそう。

オシャレは指先からはじまる

指先はよく目に入る箇所だから、爪が整っていないと、やっぱり気になります。

ネイルはお仕事で使うパソコンのキーボードや、料理や家事もするから、爪が長いと不便ということもあって、短いデザインにしてもらうことが多いです。

常にネイルをしていると、爪にはよくないんじゃないかと思っていたこともありましたが、ジェルネイルをするようになってからは、爪がコーティングされて強くなるから、二枚爪になったり、爪が薄くなることもなくなったよ

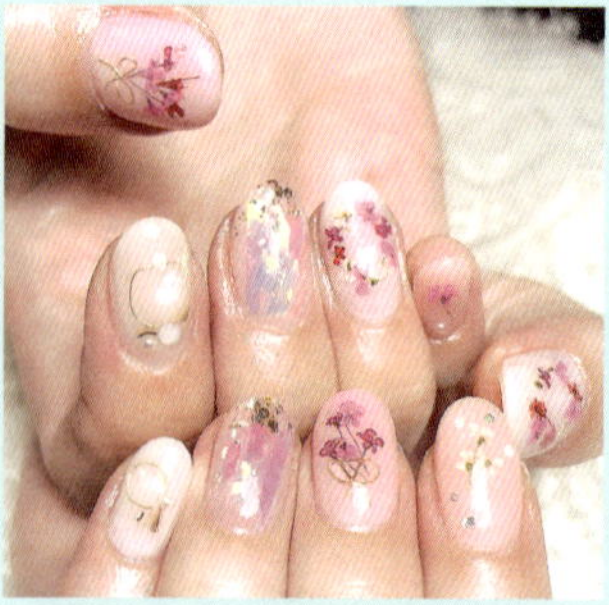

プライベートサロン　ルブリー
インスタグラム：@yogiisso

いつも恵比寿にあるジヨンさんのサロンへ通っています。

広告を出してないのに、口コミで広がって大人気になった実力派サロンなんです。

ネイルのデザインはインスタで探して、相談しながら施術してもらっています。

このめっっっちゃタイプなデザインのネイルもジヨンさんに。押し花風の春らしいネイルです。

うに思います。

ネイルをしていなかった頃に比べて、爪の状態がよくなりました。

通う頻度は、爪が伸びるのが早くて、3週間に1回くらい。自分で爪を切ったりすると二枚爪の原因になったりするので、カットもサロンでやってもらっています。

デザインやネイルは、施術してくれる人によっても出来栄えが左右されるので、私はいつも決まったお店でお願いしています。

恵比寿駅から5分くらい歩いたところにある、マンションの1室でやってるプライベートサロンで、他のお客さんもいないので、いつもリラックスしながら施術してもらっています。

フルーツたっぷりのデザイン。ところどころ、立体的にぷっくりしてるのが可愛いんです。

普段しないようなデザインだったので、施術してもらったときは、新鮮に感じていました！

指先を彩る 極上のネイルたち

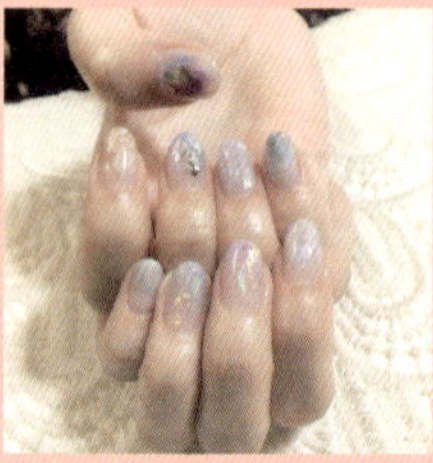

今まで
私の指先を彩ってくれた
ネイルたちです。

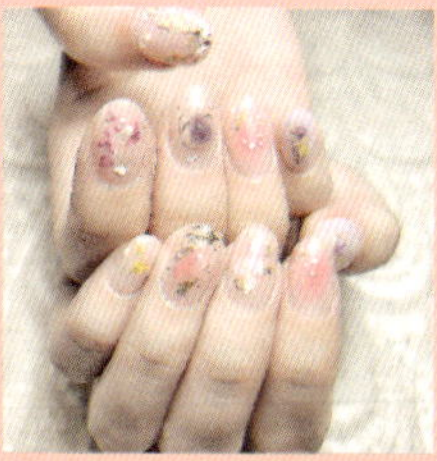
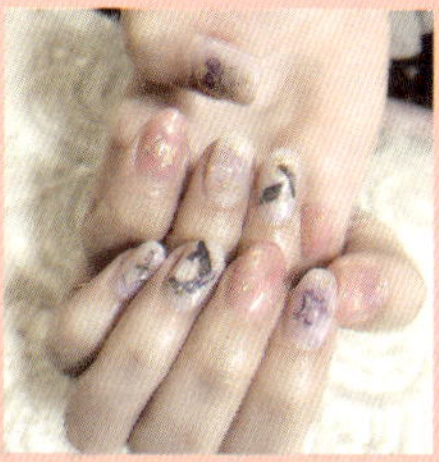

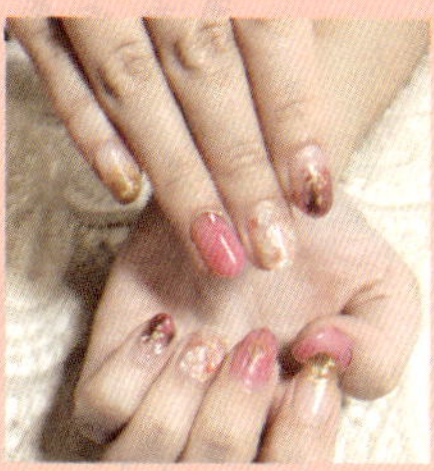

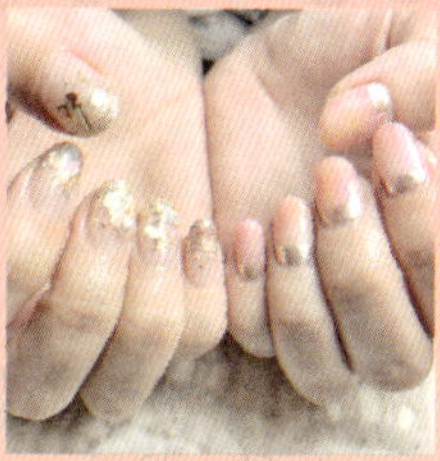

脱毛は絶対に後悔しない大きな買い物！

医療脱毛に通ったおかげで、毛穴レスのつるぴかのお肌になりました。

やるならおすすめは全身脱毛です。とくにうなじや背中の毛は脱毛するとしないのとでは大違い。夏に背中のあいたお洋服を着ているときに、至近距離から見られるとやっぱり目立ってしまいます。

自分で処理するのも剃り残しのことを気にしないといけないし、やっておいて損はないと思います。金銭的に難しそうなら、脇、背中、口周りから始めるのがおすすめ。

とくにお顔の産毛がなくなったときは、ファンデのノリがよくなったことも実感しました！

フォトフェイシャルと脱毛については、「銀座ファインケアクリニック」で施術してもらっています。

脱毛とフォトフェイシャル（銀座ファインケアクリニック）

Part 6

メイクの小技を教えます。

メイクをするときに
役立ちそうなちょっとした小技や、
私のこだわりを教えちゃいます。

夏でもお直しがいらない耐久ベースコスメ

私は海やプールには紫外線が気になるためあまり行かないのですが、ジムに通っていて、とくに夏場の時期は汗だくになってしまいます。

それでも、私のメイクはくずれにくくて、実はほぼお直しの必要がないのです。その秘密は、耐久ベースコスメにあります。下地に皮脂を抑える効果を持つコスメを使うのです。夏にメイクが崩れてしまう原因のほとんどは、皮脂のせいなんです。だから、下地で皮脂分泌のコントロールすると、夏でも1日化粧がくずれません。

ドクターケイ　ケイコントロールエッセンス（ドクターケイ）

朝のスキンケアのときに、1番最初に私はTゾーンにだけ塗っています。

このアイテムは主に夏のシーズンに使っていて、皮脂分泌を整えてくれる効果があります。

毛穴が開きやすい時期には必須。

ただし、皮脂くずれに特化しているアイテムにもデメリットがあります。それは、皮脂を抑えるあまりに乾燥が気になってしまったりすること。

きちんと保湿することをおすすめします。

毛穴パテ職人　毛穴崩れ防止下地
（常盤工業薬品）

化粧くずれ防止コスメによくある乾燥が全くありません！

皮脂の多い夏のシーズンにおすすめ。

そして、ソフトフォーカス効果もあり、ファンデがなくても美肌に。ジムのトレーニングで汗をかいたあとでもくずれ知らずの優秀すぎる下地です。

SPF50もあるので、日焼け対策にも！

メイクの腕は「筆」で段違いに上がる

高校生の頃からアルバイトで稼いだお金で、毎月1～2本ずつ集めていたくらい、昔からブラシにはこだわっていました。

初めてメイクブラシを使ったときは、筆だけでこんなにもメイクの仕上がりが違うのね、と感動したくらい。やっぱり、よいブラシを使うとメイクの仕上がりがワンランクアップします。

ブラシは高いと思うかもしれませんが、いいブラシを使うと粉の含みがよくて、無駄なお粉を使わないし、むらに

白鳳堂　化粧筆

柔らかくてコシがあってほんとに描きやすいです。
筆にとったときに、濃くつきすぎないので、色づきを調節できます。

ならないので、かえってお得かもしれません。それだけではなくて、ブラシの毛が柔らかいので、肌にも優しい気がします。

コスメにもともとついているチクチクしたブラシを使うと、肌にも摩擦があるように思います。

いいブラシは最終的には肌のためにも経済的にもいいと考えて、投資してみてはどうでしょう。

動画をCheck！

メイクブラシ
使い方を徹底解説

メイクの腕が確実に ワンランクUPする ブラシたち

メイクの腕を上げたいと思うなら、１番の近道は筆を使うこと。
筆を使えば、指やチップでのせるよりも自然な仕上がりになります。
私は主に白鳳堂とアルティザン&アーティストの筆を使っています。

Part 6

メイクの小技を教えます。

パーソナルカラーとのつき合い方

ここ数年、自分のパーソナルカラーを診断してもらっている人が多くなったと感じます。フォロワーの方々からも、パーソナルカラーに関しての質問が増えています。

私自身も、パーソナルカラー診断を受けてから、自分に似合う色がよりわかるようになって、コスメ選びも楽しくなっています。

私は、ファーストカラーがブルーベースのサマーで、セカンドがスプリングでした。

といっても私の場合は、どちらかというとブルーベース

パーソナルカラー診断
あやんぬさん
インスタグラム：@ayannu61

私はお友達のあやんぬさんに診断してもらいました。

元BAさんだったから、コスメの知識も豊富で、パーソナルカラーをもとに、コスメをどう選ぶといいかを丁寧に教えてくれます。

だけれど、イエローベースのアイテムも使える、わりとどちらでもいけるお得なタイプのようです。

パーソナルカラーに気をつけるというよりも、色の明度を気にするようにしていて、極端に濃い色を避ければいいそうです。

自分に似合う色を知ったうえで、いろいろ取り入れることで新しい自分に出会えるかも。

Q&A

Q 私はイエローベースなのですが、ブルーベースのコスメは使えないのでしょうか。

A 自分がつけたい色をつけるのがいいと思います!
買い物の参考にもなるし、似合う色がわかるから、
失敗も減るのですが、捉われすぎてももったいない。
新しい自分に出会うためにも、
私自身も参考程度につき合っています。

ここぞというときのスペシャルケア

ここぞというときには、普段のケアに加えて、いつもより少しだけ贅沢にしたスペシャルケアをすることもあります。

せっかくの特別な日は、やっぱり最高のコンディションでいたいですよね。

だから、即効性があって、かつ効果が実感できるケアができたときには、テンションも上がります。

もちろん、特別な日だけじゃなくて、疲れてむくみが気になるときにも効果があるので、ご褒美ケア的な使い方をすることも。

ジェノマー エステパック（ドクターシーラボ）

朝も夜も使える洗い流さない泡パックなのですが、なんと1分でケアが完了するという超時短アイテム。

即効性もあって、ハリ、弾力、顔のトーンもアップしてくれる最強のパックです。

最近の私のなかのスペシャルケアのヒットは、泡パック。下のコスメ欄でも紹介していますが、なんと1分でケアが完了するという超時短のアイテム。

スペシャルケアをしたいときって、イベントを控えていたりする時期なので、忙しかったり、ケアにあまり時間を取れないことが多いんです。

だから、時短のアイテムはとても重宝しています。

値が張るから毎日使えるわけじゃないけど、大事な日の贅沢コスメとして活用しようと思っています。

結婚式や成人式などの大事なイベントのときには、ぜひ試してみてください。

フェヴリナ　炭酸ジェルパック
（フェヴリナ）

これはスペシャルなケアをしたいときのとっておきアイテム。

自宅でこれを使うだけで、エステ帰りのようなお肌の仕上がりになると評判です。

私の場合は、1回使用するだけでお肌のくすみが一気になくなって疲れ気味のお肌が回復しました！

くすみがちのお肌のケアに本当にピッタリです。

外出のおともに ポーチのなかのコスメたち

ポーチには、それほど多くのものは入っていません。まず、テカらないようにするためのフェイスパウダーと、アイブロウとチーク、そしてリップの美容液。まつ毛が下がりやすいので、ビューラー。それからカラコンをしているので目薬は必須です。

リップは数本持ち歩くようにしていて、朝、のせたものとは違うものを持っていくこともあります。「朝はこの色をのせたけれど、落ちてきたら別のを塗ろう」なんて考えていたら、メイク直しのテンションもあがります。

イプサ　ザ・タイムＲデイエッセンススティック（イプサ）

夕方ころに目元周りなどの乾燥が気になるところに瞬時に潤いを与えられる万能アイテム。オフィスで乾燥が気になってきたとき鏡がなくてもささっと使えます。お肌に使うリップクリームのようなイメージです。

重宝しているのは乾燥対策のスティック美容液で、メイクの上から塗れるので、目の下の乾燥する部分にのせています。1日2回くらい、口元のお直しをするときに使う感じでしょうか。

使っているポーチは、アルティザン&アーティストというメイクアップポーチ専門のブランドのものです。

これはちょっと高いのですが、さすがに専用ブランドのものだけあって、ブラシも入るし、必要なものがかさばらずに入るので、最近家用にももう1つ買い足したくらいです。ネット通販で買えます。

動画をCheck！

ポーチのなか、大公開

あや猫

（高城彩香）

1989年12月2日生まれ。
若い女性から支持されている美容系インスタグラマー。
年間100万円使うほどのコスメマニアで、
趣味が高じてブログやインスタグラムにコスメのレビューを掲載。
使用感や特色を忌憚なく紹介したことが、読者から「信頼できる！」と話題になった。
一般人にもかかわらず、紹介したコスメが欠品するなど、
若い女性を中心にカリスマ的な人気を誇っている。

Instagram	*@ayanekotan*
Twitter	*@ayaneko_san*
Blog	*http://aya-neko.blog.jp/*
Youtube	*https://www.youtube.com/channel/UC9rSFWiWI9Jopjr4e44V_MQ/*

好きすぎて全部試したからわかった
自分史上最高の顔になれる神コスメ

2018年12月25日　第1刷発行

著　者　あや猫(高城彩香)

発行者　土井尚道
発行所　株式会社 飛鳥新社
〒101-0003 東京都千代田区一ツ橋2-4-3 光文恒産ビル
電話 (営業)03-3263-7770　(編集)03-3263-7773
http://www.asukashinsha.co.jp

装丁／渡邉民人・清水真理子(TYPEFACE)
写真(人物)／永谷知也(WILL CREATIVE)
撮影協力／森聡司(U-REALM)
編集協力／佐藤友美

印刷・製本　中央精版印刷株式会社

ISBN 978-4-86410-615-3

編集担当／宮崎綾